건축하지 않는 건축가

- 외국어 고유명사 표기는 국립국어원의 용례를 따랐으나, 일부는 많이 사용되는 이름으로 표기했다.
- 국내에 소개된 작품명은 번역된 제목을 따랐고, 국내에 소개되지 않은 작품명은 병기 후 원어 제목을 그대로 옮겼다.
- 각 장의 타이틀은「」, 이론 및 중요 고유명사는 〈 〉, 단행본과 정기간행물 및 기사 논문은 『』, 작품 및 프로젝트는《》로 묶었다.

KENCHIKUKA NO KAITAI by Jun Matsumura
Copyright © Jun Matsumura, 2022
All rights reserved.
Original Japanese edition published by Chikumashobo Ltd.
Korean translation copyright © 2023 by BIGINNING
This Korean edition published by arrangement with Chikumashobo Ltd.,
Tokyo, through Eric Yang Agency, Inc

이 책의 한국어판 저작권은 EYA(에릭양 에이전시)를 통하여 Chikumashobo사와 독점계약한 인벨로프(빅이닝 주식회사)에 있습니다. 저작권법에 의하여 한국 내에서 보호를 받는 저작물이므로 무단전재 및 복제를 금합니다.
인벨로프(envelop)는 빅이닝㈜의 출판 브랜드 입니다.

建築家の解体

건축하지 않는 건축가

마츠무라 준 지음
민성휘 옮김

건축가를 꿈꾸던 사회학자, 건축가를 말하다

사회학 연구주제로서 건축가를 고른 이유는, 건축가란 어떻게 유명해지는가라는 개인적인 관심에 있다. 이를 위해 일본 건축가의 기원을 포함하여 일본 내 건축가의 위상, 그리고 현대 일본에서 건축가의 모습이 어떻게 변하고 있는지를 말한다.

아비투스, 건축가가 되기 위해 필요한 자본

건축가의 세계를 쉽게 분석하기 위해 아비투스, 자본이라는 사회학 개념을 이야기한다. 아비투스는 건축가계를 구성하는 중요한 요소이다. 아비투스를 익힌 건축가와 그렇지 못한 건축가가 걷게 되는 길은 무엇이 다를까? 다양한 예시와 서로 다른 세계를 상대화하는 방식으로 건축가계를 입체적으로 알아본다.

건축가를 양성하는 대학 교육의 숨겨진 장치

대학에는 전문 지식을 위한 교육 외에도 건축가 다움, 즉 아비투스를 철저히 주입하는 숨겨진 장치가 존재한다. 이는 과연 무엇이며 왜 필요한 것일까? 대학 건축 교육의 숨겨진 장치를 조명함으로써 학생들이 무의식 속에서 무엇을 주입 당하는지를 알아보자.

무엇이 안도 다다오의 자본이 되었는가

고졸 프로복서 출신의 건축가로 잘 알려진 안도 다다오. 그는 독학과 아르바이트, 그리고 세계여행이라는 방식으로 학력이라는 장벽을 극복하고, 세계적인 건축가로 성공하여 무엇을 자본으로 삼고 어떠한 전략을 세웠는지, 그 구체적인 과정을 사회학적 관점에서 살펴보도록 하자.

주택을 설계할 수밖에 없는 건축가

건축가들과의 경쟁 속에서 주택이란 그저 생계를 위한 수단이 되고 만다. 그럼에도 주택을 통해 탁월화를 꿈꾸는 건축가들이 등장하기 시작하는데, 이들이 모색한 새로운 길은 과연 무엇이었을까?

건축가를 향한 이상적인 자세의 변화

1970년대 이후로 후기 근대라는 시대가 도래한다. 이를 계기로 건축가를 향한 이상적인 자세가 크게 바뀌며 결국 건축가는 전문가로서 불안정한 위치에 내몰리게 된다. 사회와의 관계를 되찾기 위해 건축가는 익명이 아닌 얼굴을 비추는 방식을 선택한다.

시대를 관철한 전략가로서의 건축가, 구마 겐고

구마 겐고는 비평가의 시점을 지니는 건축가이다. 부지런히 시대에 걸맞은 건축 가상을 모색하고, 때로는 반성적인 태도로 자신을 성찰한다. 항상 자신을 돌아보고 업데이트함으로써 미지의 내일을 대비하는 그의 모습에 대해 이야기한다.

거리에서 이름과 얼굴을 되찾은 건축가

'건축가의 해체'란 전통적인 건축가의 역할을 해체한 뒤 건축가의 모습을 새로이 만들어 가자는 것이 그 취지이다. 짓지 않는 건축가 혹은 얼굴을 비추는 거리의 건축가처럼 건축가의 해체를 보여주는 건축가가 등장했다. 이들이 등장한 배경과, 이들이 만드는 건축을 이야기한다.

목차

저자 인사말 : 한국어판 『건축하지 않는 건축가』 출간을 기념하며　9
추천사　15

건축가를 꿈꾸던 사회학자, 건축가를 말하다　25

사회학 연구 주제로서 건축가를 고른 이유는 '건축가란 어떻게 유명해지는가'라는 개인적인 관심에 있다. 이를 위해 일본 건축가의 기원을 포함하여 일본 내 건축가의 위상, 그리고 현대 일본에서 건축가의 모습이 어떻게 변하고 있는지를 말한다.

아비투스, 건축가가 되기 위해 필요한 자본　53

건축가의 세계를 쉽게 분석하기 위해 아비투스, 계, 자본이라는 사회학 개념을 이야기한다. 아비투스는 건축가 계를 구성하는 중요한 요소이다. 아비투스를 익힌 건축가와 그렇지 못한 건축가가 걷게 되는 길은 무엇이 다를까? 다양한 예시와 서로 다른 세계를 상대화하는 방식으로 건축가 계를 입체적으로 알아본다.

건축가를 양성하는 대학 교육의 숨겨진 장치　93

대학에는 전문 지식을 위한 교육 외에도 건축가다움, 즉 아비투스를 철저히 주입하는 숨겨진 장치가 존재한다. 이는 과연 무엇이며 왜 필요한 것일까? 대학 건축 교육의 숨겨진 장치를 조명함으로써 학생들이 무의식 속에서 무엇을 주입 당하는 지를 알아보자.

무엇이 안도 다다오의 자본이 되었는가　131

고졸 프로 복서 출신의 건축가로 잘 알려진 안도 다다오. 그는 독학과 아르바이트, 그리고 세계 여행이라는 방식으로 학력이라는 장벽을 극복하고 세계적인 건축가로 성공한다. 성공을 위해 무엇을 자본으로 삼고 어떠한 전략을 세웠는지, 그 구체적인 과정을 사회학적 관점에서 살펴보도록 하자.

주택을 설계할 수밖에 없는 건축가　149

건축가들과의 경쟁 속에서 주택이란 그저 생계를 위한 수단이 되고 만다. 그럼에도 주택을 통해 탁월화를 꿈꾸는 건축가들이 등장하기 시작하는데, 이들이 모색한 새로운 길은 과연 무엇이었을까?

건축가를 향한 이상적인 자세의 변화   195

1970년대 이후로 후기 근대라는 시대가 도래한다. 이를 계기로 건축가를 향한 이상적인 자세가 크게 바뀌며 결국 건축가는 전문가로서 불안정한 위치에 내몰리게 된다. 사회와의 관계를 되찾기 위해 건축가는 익명이 아닌 얼굴을 비추는 방식을 선택한다.

시대를 관철한 전략가로서의 건축가, 구마 겐고   241

구마 겐고는 비평가의 시점을 지니는 건축가이다. 부지런히 시대에 걸맞은 건축가상을 모색하고, 때로는 반성적인 태도로 자신을 성찰한다. 항상 자신을 돌아보고 업데이트함으로써 미지의 내일을 대비하는 그의 모습에 대해 이야기한다.

거리에서 이름과 얼굴을 되찾은 건축가   275

'건축가의 해체'란 전통적인 건축가의 역할을 해체한 뒤 건축가의 모습을 새로이 만들어 가자는 것이 그 취지이다. 짓지 않는 건축가 혹은 얼굴을 비추는 거리의 건축가처럼, 건축가의 해체를 선보인 건축가들이 등장했다. 이들이 등장한 배경과, 이들이 만드는 건축을 이야기한다.

저자와의 인터뷰   319
글을 마치며   343
역자 후기   347

| 저자 인사말 |

한국어판 『건축하지 않는 건축가』
출간을 기념하며

우선 이 책을 읽어주셔서 감사합니다. 이번 기회를 통해 좋은 인연으로 한국에 번역 출판이 된 것을 매우 기쁘게 생각합니다. 2023년 8월, 출강하는 대학에서 해외 연수 여행으로 학생들을 인솔하여 5박 6일 동안 서울을 둘러보았습니다. 그렇게 50살이 되어 처음으로 한국을 경험했습니다.

서울이라는 도시는 스타일리시하고 현대적인 분위기와 경복궁 같은 문화유산, 옛 정취가 남아 있는 활기찬 전통 시장이 주는 전통적 분위기가 공존했습니다. 그리고 세련된 모습으로 다시 태어난 성수동 같은 동네에서는 다양한 모습을 볼 수 있었습니다. 정적인 모습과 동적인 모습, 현재와 과거가 서울이라는 대도시 안에 혼연일체로 존재하는 모습이 압도적이었습니다. 동시에 조금은 정겨운 분위기도 느꼈습니다.

제가 본 서울은 1980년대에 처음으로 방문했던 오사카 거리에서 느꼈던 도시 분위기와 비슷합니다. 당시 오사카는 무언가를 이루고자 도시로 상경한 사람들의 에너지로 가득했습니다. 그러나 현대 일본의 도시에서는 더 이상 그러한 에너지를 느끼지 못합니다. 도쿄나 오사카의 거리는 갈수록 세련되고 멋있어지고 있지만, 그에 반해서 사람들의 에너지는 줄어들고 있습니다. 외국인들은 일본 사람들이 예절 바르고 매너가 좋다며 칭찬하지만, 그것은 일본의 도시가 활기를 잃었기 때문일지도 모르겠습니다.

하지만 서울은 달랐습니다. 서울에는 사람들의 에너지가 가득했습니다. 차도에는 경적 소리가 울리고 어느 가게에 들어서도 활기가 넘칩니다. 거리에 누군가 곤란해하고 있으면 사람들이 먼저 손을 내밉니다. '내가 원하는 것을 하겠다'라는 사람들의 뜻이 서울이라는 대도시에 충만하다고 느꼈습니다.

서울에 대한 여운에 잠긴 채로 이 책의 소개를 이어가고 싶습니다. 한국에는 안도 다다오나 구마 겐고 등 일본을 대표하는 건축가들의 작품이 여럿 있습니다. 건축가분들이나 건축에 관심이 있는 분들이라면 잘 아실 거라 생각합니다. 이 책에서는 이들과 같은 저명한 일본인 건축가들이 어떻게 지위를 얻었는가에 대한 물음을 사회학 이론을 통해서 밝힙니다.

건축가로서 성공하기 위해서는 재능이 필요합니다. 그리고 노력도 필요합니다. 그렇다고 재능과 노력만으로 그들처럼 될 수 있을까요? 대답은 '아니오'입니다. 건축가로서 성공하기 위해서는 이러한 요소에 더하여 「건축가계의 탁월화」라는 게임을 싸워나가기 위한 '규칙', '공략법'의 이해가 무엇보다 필요합니다.

우리는 축구나 야구와 같은 스포츠를 할 때 가장 먼저 규칙을 익힙니다. 그런데 건축가가 되려는 학생들은 「건축가계의 탁월화」라는 게임의 규칙에는 별로 관심이 없습니다. 하물며 사회에 진출하여 현재 일하고 있는 건축가 중에서도 이에 관심있는 사람은 적은 것이 현실입니다. 모두 자신의 작품이나 유명 건축가의 작품에만 열중하고 있습니다. 규칙을 배우지 않고 「건축가계의 탁월화」라는 게임에서 싸워나가는 것은 무모한 일입니다. 이렇게 된 가장 큰 원인은 무엇일까요. 바로 건축가계에서 탁월화를 얻는 일이 '게임'이라고 이해하는 사람이 거의 없기 때문입니다. 그래서 규칙을 익히기에 앞서 노력과 재능으로 어떻게든 이뤄낼 수 있다고, 자신이 옳다고 믿는 건축을 추구하면 유명한 건축가가 될 수 있다고 생각하는 것입니다.

야구의 규칙을 전혀 습득하지 못한 채 자기만의 스윙이나 수비 스타일을 고집하며 연습하는 야구 소년이 있을까요. 있다면 아주 큰일입니다. 규칙은 초기 단계에서 습득해야 합니다. 하지만 건축가의 세계에서는 이러한 경우가 많습니다. 어쩌면 다른 직업의 세계에서도 마찬가지일 수도 있겠습니다. 직업 세계에서 탁월화란 일종의 '게임'입니다. 하지만 그것을 게임이라고 인지하는 사람은 거의 없습니다. 즉, 게임이라는 것을 깨달으면 승리에 가까워진다는 뜻이기도 합니다.

자세한 내용은 본문에 맡기겠습니다만 「건축가계의 탁월화」라는 게임에 참가하기 위해서는 '자격'이 필요합니다. 아무나 참가할 수 있는 것이 아닙니다. 어떤 자격이 필요한지, 참가를 위한 규칙은 무엇인지, 그리고 어떤 작품이 어떻게 평가되고 있는지 트렌드를 파악해두는 것 또한 중요합니다. 이것들을 철저히 연마한 사람이 바로 안도 다다오이며, 구마 겐고입니다.

그들은 규칙과 트렌드를 숙지하면서, 동시에 사람들이 자신에게 무엇을 기대할지를 정확히 간파했습니다. 구마의 경우 「건축가계의 탁월화」라는 게임을 보기 좋게 '공략'했을 뿐만 아니라 넓디넓은 사회의 트렌드 또한 올바르게 이해하며 시대가 필요로 하는 건축을 제안하는 일에 능숙합니다. 그렇기 때문에 건축가계에서의 평가가 높을 뿐만 아니라 일반적인 인지도 또한 높습니다.

그러나 건축가계의 규칙은 보편적이지 않습니다. 계속해서 변화하고 있습니다. 안도와 구마에 이은 차세대 스타 건축가의 지위를 얻을 건축가는, 다음 시대가 맞이할 건축가계의 규칙을 재빨리 이해하고 그 투쟁하는 방식을 파악한 자가 쟁취할 수 있을 테죠.

이 책은 일본의 건축가를 예시로 삼았습니다만, 한국의 건축가계를 이해하기 위한 도구도 될 수 있을 거라고 믿습니다.

기회가 된다면 한국의 건축가계에 대해서도 연구해보고 싶습니다.

부디 이 책이 한국 독자 여러분께 조금이나마 도움이 되기를 소망합니다.

2023년 12월 15일
마츠무라 준

| 추천사 |

업의 경계를 넘어 미래를 보라
조성익, 홍익대학교 건축도시대학 교수

"설계 말고 다른 직업은 없나요?"
교수로서 건축과 학생들에게 종종 받는 질문이다. 『건축하지 않는 건축가』를 받아들자마자 앞으로 대답 대신 이 책을 추천하면 되겠구나 싶었다. 건축학과 신입생 시절에는 누구나 역사에 길이 남을 건물을 설계하는, '짓는 건축가'를 꿈꾼다. 하지만 학년이 올라갈수록 이 길이 내 길인가 의심이 피어오르면서 한편으로는 그동안 배운 것이 아까워 이것으로 뭔가 다른 일을 할 수는 없을까 고민하게 된다. 이 책은 건축이라는 태양을 중심으로 어떤 위성들이 돌고 있는지, 〈계界〉의 전망을 보여준다. 뜨거운 태양을 향해 정진하는 길도 있지만 아무도 가보지 않은 위성을 개척하는 길도 있다. 누구보다 먼저 이 책을 읽어야 할 사람은 미래를 고민하는 건축과 학생들이다.

그런데 마지막 페이지까지 다 읽고 책을 덮으면서 든 생각은 '이건 건축가인 나를 위한 책이잖아'였다. 저자의 지적대로 2000년대 들어 사회가 급격하게 변화하면서 건축가라는 직업의 의미가 달라졌다. 주택→근린생활시설→업무시설로 프로젝트 규모를 키워나가는 전통적 건축가의 길만 있는 것이 아니라 더 작은 대상으로 몰입하며 사회 변화를 일으키는 건축가들이 생겨나고 있는 것이다. 리노베이션을 전문 영역으로 삼아 프리츠커 상을 수상한 라카통 앤 바살이나 공간 기획을 통해 지역의 활력을 끌어내는 건축가 집단, 어셈블리가 그 예다. '건축하는 건축가'의 길에 이미 들어선 기성 건축가들에게 이 책은 업의 공식을 따라가는데 그치지 말고 사회적으로 가치있는 일을 찾아 모험을 해보라고 격려한다.

책을 다 읽은 후, 다양한 분야에 종사하는 전문가들과 저녁 모임을 하다가 이 책에 대한 이야기를 꺼냈다. 다들 눈을 반짝이며 자신의 직업에도 적용되지 않을까, 한 마디씩 거들었다. 예를 들어 '변호하지 않는 변호사', '금융하지 않는 금융인', '진료하지 않는 의사' 같은 직업군도 등장하지 않을까? 인공지능과 자동화가 불러올 미지의 세상을 앞두고 사람만이 할 수 있는 가치있는 일을 찾고 있는 요즘이다. 전문직이라는 이름으로 그어 놓은 기존 직업의 경계선이 무의미해질 수 있음을 그들은 직감하고 있었다.

업의 경계를 넘어 미래를 내다보는 분들에게 이 책을 추천한다.

| 추천사 |

　　　　도시와 건축, 공간과 재생, 지속가능한 도시에 대해
　　　　고민하는 분들에게 이 책을 같이 읽기를 제안드립니다.
　　　　　　　　　　　　　　── 김수민, 로컬스티치 대표

　빠르게 변화하는 도시와 사회에서 모든 분야의 모든 전문가가 마찬가지겠지만 2024년 한국의 건축가와 도시 전문가들은 그 어느 때보다 고민이 많을 것이라고 생각합니다.
　빠르게 발전하는 '기술'과 사회의 효용성을 정량화하는 '자본'에 비해 '장소'(본 책자에서 의미하는)를 기획하고 만드는 건축가의 사회적 유효성을 확보하고 공감을 얻는 것이 점점 어려워지고 있습니다.
　도시와 건축을 공부하고 업으로 하고 있는 한 사람으로서, 어떤 디자인 프로세스와 근거가 바탕이 돼야 도시 구성원들의 공감대를 얻을까 항상 고민이 됩니다.
　마츠무라 준의 『건축하지 않는 건축가』는 건축을 공부하고 '장소'(본 책에서 의미하는)를 디자인하고 운영하는 사람으로서, 가지게 되는 많은 고민과 '다음'에 대한 불확실성에 대해서 그럴 수 있다고, 어렵지만 기회일 수 있다고 얘기해 줍니다.

이 책은 건축과 디자인이 사회적으로 유효한 공감을 얻지 못하고 방황하던 때가 '오늘' 만은 아님을 알려 줍니다. 건축의 프로세스와 결과물이 동시대 구성원들에게 공감을 얻지 못하는 시대에 어떤 고민과 실천이 있어야 할지에 대해 일본의 이전 건축가들의 사례를 바탕으로 힌트를 줍니다.

이 책의 저자 마츠무라 준은 프랑스 사회학자 피에르 부르디외의 〈아비투스〉와 〈계〉, 〈자본〉이라는 개념을 활용해 역사적으로 일본 건축계가 커뮤니티 구성원들과 어떻게 공감하고 차이를 발견하는 과정을 반복해 왔는지를, 이를 통해 도시와 건축에 대한 커뮤니티 구성원들의 공감대가 어떻게 변화해 왔는지를 정리합니다.

이 과정을 통해 일본 건축이 어떤 흐름과 사회적 변화 속에 있었으며, 그 안에서 건축가들이 어떻게 시대적 공감대를 획득하려고 노력했는지를 이야기합니다.

그리고 타니지리 마코토, 야마자키 료 등 사회적 건축 공감대를 확보하기 위해 활동하는 '새로운' 건축가들의 사례를 통해, 다음 시대의 도시에 대한 담론의 시작점을 제공해 줍니다.

이 책이 시대적 공감대를 같이 만들어 갈 수 있는 다양하고 용감한 실험과 실천들의 시작이 되었으면 좋겠습니다. 도시와 건축이라는 어려운 주제로 새로운 이해관계와 사회적 공감대를 만들어야 하는 모든 분들에게 응원을 보내며 이 책을 같이 읽기를 추천드립니다.

추천사

지속가능한 도시를 위한 용감한 실험을 하는 모든 분들에게 항상 응원과 지지를 보냅니다.

* 한국 건축계의 일원으로서 다양한 국가의 도시와 건축에 대한 좋은 글들의 공유에 노력하는 작가와 역자에게 감사를 전합니다.

| 추천사 |

건축을 전달하는 다양한 방법
———— 정성규, 건축 큐레이터

모두 설계하는 건축가가 될 필요가 있을까?
대학교에서 건축을 배우면서 스스로 했던 질문이다. 학년이 올라갈수록 졸업 이후 자신의 행보를 고민하게 된다. 다수의 친구가 설계를 지망했고 문득 친구가 설계한 건축을 잘 편집해 외부로 전달하고 연결하면 어떨지 하는 생각을 했다. 경쟁자에서 파트너가 되는 것이었다. 이는 그간 다수의 공모전을 팀으로 진행하면서 설계만큼이나 개념과 전반적인 내용을 잘 전달하는 것도 중요하다는 것을 경험했었기 때문이다. 그렇다면 건축 내에서 기획하는 매체는 무엇이 있는지 탐색해 보았다. 마침 4학년 때 정기용 건축가를 조망하는 〈그림일기: 정기용 건축 아카이브〉 (국립현대미술관, 2013) 전시를 보면서 방향을 찾게 되었다. 2011년 이후 국립현대미술관은 정다영 학예사를 건축 전문 큐레이터로 등용하여 국내 건축가와 건축에 대한 연구를 시작했고 첫 건축 전시였다. 전시라는 매체로 건축에 접근하니 사회·역사적 이면과 더불어 다른 분야와 연결 지점이 많다는 것을 느꼈다. 그리고 책과 잡지의 지면이 아닌 공간적인 기획이 가능하다는 점이 매력적이었고 전시의 내용을 형식에 맞게 디자인하는 일도 흥미로웠다. 그래서 휴학 하면서 전시와 관련된 일을 해보았고 졸업 후에는 미술관에서 경험을 쌓았다. 건축을 전시로 풀어내는 것은 건축(건물) 외에도 건축안에 주제 삼을 것이 많다는 점, 건축과 다르게 기간이 끝나면 사라진다는 점, 도면과 모형 외에 다양한 시각 매체를 활용해 이야기할 수 있다는 점 그리고 수많은 정보 안에서 편집의 역할이 공간적으로 드러나는 것이 매우 매력적으로 다가왔다.

책을 덮으면서 든 생각은 제목처럼 '너도 건축하지 않는 건축가 중에 하나야'라는 위로와 응원이었다. 왜냐하면 저자는 건축가를 연구 대상으로 사회학적으로 분석한다. 그간 저명한 건축가들이 어떻게 지위를 획득했는지 내부의 복잡한 상황을 관찰하고 세밀하게 쓰여 있다. 그리고 전통적인 건축가의 역할을 해체하고 새로운 모습을 만들어가는 플레이어를 조망한다. 책에서 소개되는 다양한 플레이어처럼 건축 큐레이터도 건축을 외부로 송출하고 연결 짓는 건축계의 또 다른 플레이어라고 생각한다.

책의 마지막 부분처럼 건축가를 해체하고 다시 조립하는 일은 필수적인 과제라고 생각한다. 기회가 줄어들고 있는 현재 사회에서 기존의 방법과 규칙을 따르는 것만으로는 충분하지 않을 것이다. 새로운 기회는 다양한 분야에서 건축의 영역으로 확장할 때 발생 할 것이다. 공간을 만드는 건축도 중요하지만, '건축'을 아이디어 생산을 위한 독창적 장소로 어떻게 자리매김할 수 있는지 질문을 던지는 것이 앞으로 더 중요할 것이다. 내가 그러했던 것처럼 건축하지 않는 건축가는 앞으로 많아질 것이며 건축을 전달하는 방법도 다양해질 것이다.

건축설계 외에 어떤 건축가가 될 수 있는지 궁금하다면 이 책을 추천한다.

건축가를 꿈꾸던 사회학자, 건축가를 말하다

사회학 연구 주제로서 건축가를 고른 이유는 '건축가란 어떻게 유명해지는가'라는 개인적인 관심에 있다. 이를 위해 일본 건축가의 기원을 포함하여 일본 내 건축가의 위상, 그리고 현대 일본에서 건축가의 모습이 어떻게 변하고 있는지를 말한다.

사회학 연구 주제로서의 건축가

그동안 건축가와 관련된 새로운 서적들이 많이 출간되었다. 대부분은 건축가, 건축학자, 건축 평론가가 집필한 것이다. 그러한 종류에 비하면 이 책은 약간의 특이한 점이 있다. 책의 저자인 나는 건축가도 건축학자도 아닌 사회학 연구자라는 점이다. 나는 노동사회학과 문화사회학을 전공하였으며 도시사회학과 환경사회학 같은 학회에도 얼굴을 내밀고 있다.

그러나 건축 설계의 실무 경험과 2급 건축사 자격을 가지고 있어 사회학자로서도 괴짜라고 할 수 있다.

이러한 이야기를 하면 사회학자란 관심이 가는 대로 이런저런 일에 손을 대는 줏대가 없는 학자라고 생각하는 독자가 있을지도 모른다. 허나 줏대가 없는 것은 나 자신일 뿐, 사회학자가 그렇다고 일반화하는 것을 거부하는 동시에, 사회학자라는 인종이란 항상 '학문적 프런티어'를 갈구하며 계속해서 촉수를 뻗는 경향이 있다고 말하고 싶다.

사회학에서 건축가 혹은 건축은 '학문적 프런티어'라고 생각한다. 이것이 의미하는 바는, 연구될 필요가 있음에도 불구하고 거의 연구되지 않았다는 것이다.

노동사회학을 전공하는 사회학자 중에도 건축가를 대상으로 삼는 사람은 거의 전무하다. 간호사, 요양사, 교사라는 직종이 연구 대상으로는 인기가 있지만, 건축가는 일본뿐만 아니라 세계를 둘러봐도 그다지 연구 대상이 되지 않는다. 왜일까.

그것은 대부분의 사회학자가 건축가라고 불리는 사람들과 연관될 일이 거의 없었기 때문이다. 사회학의 연구 대상으로 많은 연구가 축적된 간호사, 요양사, 교사 또한 전문성이 높은 직업이지만 건축가와 비교하면 상대적으로 친숙하다. 이는 대부분의 사회학자가 일상에서 환자가 되는 경험을 겪으며 간호사 같은 직업을 접할 기회가 많고, 청소년기에는 학생이라는 신분으로 교사로부터 많은 것을 배우기 때문이다.

이에 비하면 건축가와의 관계는 제한적이다. 가족 중에 건축가가 있는 경우를 제외하면 건축가와 관련된 경험이 있는 사회학자는 자택의 신축이나 인테리어를 건축가에게 의뢰한 경험이 있는 사람으로 한정될 것이다.

개인적인 관심이라는 집필 계기

이 책을 집필하게 된 계기에 가장 큰 부분을 차지하는 것은 개인적인 관심이다. 단적으로 말하자면 '잡지에 작품이 소개된 건축가는 어떻게 저 위치에 올랐을까'라는 사소한 생각에서 시작된 것이다.

내가 이러한 관심을 갖게 된 데에는 원래부터 건축가라는 직업에 뜻을 두었던 것의 영향이 크다.

홀로 건축 설계 사무소를 운영하던 아버지의 영향도 있어 어릴 때부터 건축가라는 존재가 친숙했다. 아버지는 자신이 동경하던 구로카와 기쇼黑川紀章(1934-2007)나 이소자키 아라타 磯崎新(1931-2022), 2019년 프리츠커상 수상와 같은 건축가의 이름을 자주 이야기하셨다. 내가 태어나고 자란 가가와현香川県은 단게 겐조丹下健三(1913-2005), 1987년 프리츠커상 수상가 설계한 《가가와현청사》(1958)를 시작으로 모더니즘 건축의 걸작도 많고, 게다가 상업 건축의 경우 《STEP》(1980) 등 안도 다다오安藤忠雄(1941-), 1995년 프리츠커상 수상의 몇 가지 초기 작품이 도시에 있다.

그러나 이러한 유명 건축가와 아버지의 직업은 전혀 연결되지 않았다. 건축사인 아버지의 일은 주로 개인의 작은 주택이나 창고를 설계하는 것들이 많았다. 그것들은 기발한 디자인도 아니고 어디에나 있는 '평범한 건물'처럼 보였다. 가끔 드라이브를 할 때, 아버지는 자신이 설계한 건물을 마주치면

"어, 아버지가 설계한 집이란다"라고 자주 말해주었다.

무언가가 형태로 남는 일이 좋다고 생각하면서도 안도 다다오와 같은 '작풍'이 아버지의 작업에 없다는 사실이 마음에 걸렸다. 아버지가 직접 알려주지 않는 이상 무엇이 아버지의 '작풍'인지는 알 수 없었다.

물론 아버지는 그 일들에 불만을 품지 않고 큰 보람을 가지고 일했다. 동시에 자신이 동경했던 건축가가 될 수 없다는 사실에 대한 불만과 초조함을 느꼈을 것이다.

애당초 촌구석의 일개 건축사가 구로카와 기쇼나 안도 다다오를 동경하여 탁월한 건축가를 목표로 하는 것이 잘못이라고 말하고 싶은 마음도 잘 안다. 음악가나 화가 같은 예술가도 한정된 사람만이 그것을 직업으로 삼을 수 있으니 건축가도 마찬가지라고 생각하기 쉽다. 확실히 그럴지도 모른다.

다만 건축가의 경우, 음악가나 화가에 비하면 압도적으로 수요가 많고 넓은 의미에서 예술가에 속하는 직업 가운데, 그럭저럭 먹고살 만한 직업인 듯하다. 게다가 공모전에 입상하거나 직접 설계한 주택이 잡지에 실리는 것을 계기로 유명 건축가의 반열에 오를 수도 있다. 그러한 꿈을 꿀 수 있는 직업이기도 하다.

단게 겐조는 어떻게 '거장, 단게 겐조'가 되었을까. 아버지가 경애하던 구로카와 기쇼와 이소자키 아라타는 어떻게 '세계의 구로카와', '세계의 이소자키'가 되었을까.

내가 궁금했던 것은 그 과정과 비결이다. 이를 찾고자 책을 읽기로 했다. 그러나 서점에서 구할 수 있는 건축 책들의 대부분은 작품집이거나 작품 논집이었다. 어느 건축가가 어떻게 그 자리에 올랐는지 알려주는 책은 없었다.

하지만 그러한 책들을 읽다 보니 그들에게 한 가지 공통점이 있다는 사실을 깨달았다. 바로 학력이다. 단적으로 말하자면 '도쿄대 졸업'이라는 학력이다. 단게도 구로카와도 이소자키도, 모두 도쿄대 출신이다.[1]

단게나 그의 제자인 구로카와, 이소자키처럼 1930년대에 태어난 세대만 해도 건축가를 꿈꾸는 사람의 절대적인 수도 적었기에 도쿄대라는 학력의 필터가 걸러낸 진정한 정수가 그들, 엘리트 건축가였다. 그리고 이들은 기대를 저버리지 않는 활약을 펼쳤다.

1947년생인 나의 아버지가 다니던 회사를 그만두고 건축가가 되겠다고 결심한 1970년대는, 이미 많은 건축가 예비군이 세상에 넘쳐났다. 그 이유는 건축을 배울 수 있는 대학의 증가로 건축가 예비군이 전전戰前에 비해 몇 배로 불어났기 때문이다. 그 배경에는 고도 경제 성장 시대를 맞아 대량의 건축 기술자를 필요로 했던 사회의 요구도 있었다.

이러한 이유에 더하여 단게나 구로카와 같은 '스타 건축가'의 존재도 건축가라는 직업의 인기를 끌어올린 요인이다. 단게 겐조는 1950년대부터 여성 잡지를 포함하여, 일반인을 타겟으로 한 잡지에 등장했다.

스타 건축가의 필두는 단연 구로카와 기쇼이다. 나의 아버지도 언론에 나오는 구로카와 기쇼의 모습을 보며 건축가라는 직업에 대한 동경을 품었다.

1934년 아이치현愛知県에서 태어난 구로카와는 교토대학에 진학해 니시야마 우조西山夘三(1911-1994)로부터 건축을 배웠다. 도쿄대학으로 대학원을 옮겨, 단게 겐조의 연구실에 들어갔다. 구로카와는 학창 시절부터 국제 학생회의 의장을 역임하

| 구로카와 기쇼(『주간 플레이보이』 1968년 2월 6일 발행)

는 등 일찌감치 두각을 나타냈다. 30대에는 신문이나 잡지 등 대중 미디어에도 등장하면서 지명도를 쌓았다.

구로카와의 특징은 미디어를 의식한 행동을 적극적으로 실시했다는 점에 있다. 쓰리피스 수트를 차려입고 최신 스포츠카에 오르거나 단골 바에서 담배를 피우는 모습 등 다양한 구로카와의 모습이 잡지를 들썩였다.

시고쿠四国의 외딴 시골 젊은이였던 아버지도 구로카와 기쇼를 계기로 건축가의 멋스러움에 감명받아 샐러리맨 생활을 포기하고 건축가가 되는 가시밭길을 걷기 시작했다. 그렇게 30년이 지난 후 아들인 나도 마찬가지로 건축가의 길에 뜻을 두게 되었다. 과연 어떤 결과를 맞이했을까. 결론은 이렇게 사회학자로, 건축업계의 끝 좌석에나마 들어서게 되었다는 것을 헤아려 주길 바란다.

일본 건축가의 기원

건축가라는 직업에 대해 특별히 정의하지 않은 채 줄곧 적어 왔지만 애당초 '건축가'란 어떤 직업일까? '건축사'와는 무엇이 다를까?

일본에서 건축가라는 직업을 이해하기란 매우 어렵다. 가장 큰 이유는 널리 알려진 건축가라는 직업명과, 마찬가지로 잘 알려진 1급 건축사라는 국가 자격이, 겹치는 동시에 어긋나기 때문이다. 일본에서 '건축가'라는 직업에 공적인 자격은 필요 없다. 그러나 '건축사'가 되려면 시험에 합격하여 면허를 등록해야 한다.

그렇다면 건축가라는 직업명은 일부 건축사들의 잘난 척하기 위한 명칭일 뿐인지 의심하는 사람이 있을지도 모른다. 그러나 이야기는 그리 간단치 않다. 건축가라는 직업은 1급 건축사라는 제도가 갖추어지기 전부터 일본에 존재해왔다.

메이지明治(1868-1912) 시대의 일본은 서구 열강을 따라잡기 위해 고용외국인을 초빙하여 서양 학문과 기술을 도입했다. 그중에는 건축도 포함되었다. 구체적으로는 1873년에 공부대학교工部大學校가 창설되고, 4년 뒤에 영국에서 초빙된 건축가 조시아 콘도르Josiah Conder(1852-1920)에 의해 일본에서의 건축 교육이 시작되었다.

머지않아 건축가의 수가 늘어나자 건축가들은 자신들의 직업을 지키기 위해 법 제도를 갖추고자 국회를 상대로 로비 활동을 벌인다. 그러나 목수에서 파생된 건설업자 혹은 단체가 건축가의 법 제도화에 강력히 반대한 탓에 서구 사회처럼 건축가를 규정하는 법 제도의 정비가 미루어졌다. 그러다 전쟁 후에 비로소 설계 및 감리뿐만 아니라 건축에 종사하는 거의 모든 업무를 포함하는 건축사라는 자격이 만들어지게 된다. 건축사의 수가 방대한 이유이다.

2019년 현재 1급 건축사는 37만 3,490명이 등록되어 있다.

참고로 2급 건축사는 77만 1,246명이며, 2급 건축사를 건축가에 포함시키면 그야말로 100만 명 이상의 건축가가 일본에 존재하는 셈이다. 이 인원은 의사 32만 7,210명, 변호사 4만 2,094명, 공인회계사 3만 2,697명과 비교하면 재차 그 규모의 크기를 알 수 있다.[2]

한편 건축가라는 직업 자체를 규정하는 법률이나 제도는 제정되고 있지 않다. 또한 건축사라는 자격이 일본에 뿌리내린 건축가를 규정하는 것도 아니다. 그렇기 때문에 일본에는 끊임없이 건축가와 건축사가 겹치는 동시에 어긋나는 이중 잣대의 상태가 계속되고 있다.[3]

현대 일본에서 건축가란

현대 일본에서 건축가란 어떤 직업일까?

당신은 건축가라고 하면 누가 떠오르는가? 2020 도쿄 올림픽 주 경기장을 설계한 구마 겐고隈研吾(1954-)나 노출 콘크리트의 건축으로 널리 유명한 안도 다다오가 가장 먼저 떠올랐을지도 모른다. 혹은 반 시게루坂茂(1957-), 2014년 프리츠커상 수상나 세지마 가즈요妹島和世(1956-), 2010년 프리츠커상 수상를 떠올린 사람도 있을 것이다.

그렇다면 1급 건축사 중에는 누가 떠오를까? 가족이나 친구 중에 1급 건축사가 있다면 그 사람의 이름이 생각났을지도 모른다. 그러나 1급 건축사를 떠올려보라는 말에 안도 다다오나 구마 겐고의 이름이 바로 생각나지는 않을 것이다.

그리고 보면 안도 다다오나 구마 겐고를 포함하여 앞서 언급한 건축가들은 모두 1급 건축사 자격을 갖추었다. 그러나 이들은 건축가라는 직함으로 소개되는 경우는 많아도 1급 건축사라는 소개는 드물다.

예를 들면 어느 이벤트에 구마 겐고가 등장할 경우, "오늘은 1급 건축사인 구마 겐고 씨를 모셨습니다"라고 소개하는 일은 거의 없을 것이다. 추측건대 "건축가, 구마 겐고 씨를 모셨습니다"라고 소개할 것이다. 두 가지 다 맞는 말이지만 왠지 전자의 말에서는 커다란 위화감이 느껴진다.

위화감의 원인은, '건축가'라는 호칭은 속인屬人*적이며 '건축사'라는 호칭은 자격 제도 전체와 건축 설계 기술자 모두를 지칭하여 익명匿名적이기 때문이다.

어째서 건축가라는 직명은 속인적인 것이 되었을까. 그 이유는 자격 제도의 정비가 이루어지지 않은 상황 아래, 유명 건축가의 개인적인 활약이 축적되는 동시에 건축가의 역사가 쓰였기 때문이다.

이러한 사실은 건축가의 직업 실천에 복잡한 양상을 가져온다. 그중 하나는 직업 정체성의 문제이다. 건축가를 목표

- 사람에 속한다는 의미로, 사람을 본위로 생각하는 일

로, 건축가로서 일을 해도 대외적으로 자신을 소개할 때, "나는 건축가가 아니다", "나 자신을 건축가라고 칭하는 것은 주제넘는 일이다"라고 무심코 말하는 경우가 많다. 직업 생활에서 직업 정체성이 불안정한 상태인 것은 그다지 행복한 일이 아니다.

일본의 경우 건축가라는 직능명이 속인적이기 때문에 건축가라고 지칭하기 위해서는 개인으로서의 유명성이 어느 정도 요구된다. 따라서 '무명의 건축가'라는 표현은 원리적으로 성립되지 않는다. 유명 건축가가 과거를 회상하며 '안도 다다오가 아직 무명의 건축가였던 시절'이라고 말하는 것은 가능하다.

따라서 실적도 없이 건축가라는 직함을 쓸 경우 '자칭 건축가'라고 동업자에게 야유를 받을 수 있다.[4]

어째서 건축가는 계속 존재할 수 있는가

여태까지의 내용을 돌이켜보면 건축가라는 직업에는 법률이나 제도라는 공적인 배경이 존재하지 않는데도 불구하고 어째서 흔적도 없이 사라지지 않고 계속해서 존재하고 있는가에 대한 의문이 생긴다. 게다가 힘겹게 생존하는 것이 아닌 세계적으로 활약하는 건축가도 많고 그 존재감 또한 상당하다.

거기에는 법률이나 제도라는 공적인 백그라운드를 대신하

는 존속을 위한 어느 메커니즘이 존재하는 것은 아닌가 하는 가설이 성립된다. 그 메커니즘에 대해서는 이후에 자세히 설명하겠지만 중요한 요점을 미리 말해두고 싶다.

모든 건축가에게는 '건축가다운 행동'이라는 것이 깊이 배어 있다. 그것은 사고방식, 심미적 태도, 패션, 그리고 장비와 문구용품의 선택에 이르기까지, 건축가의 실천에 영향을 미친다. 그것들은 "나는 건축가이니까 이렇게 생각하자", "나는 건축가이니까 이 건물은 가치 있는 건축이라고 간주하지 말자"처럼 의식 가능한 레벨에서 인지되는 것이 아니다. 반대로 이와 같은 사물의 관찰 방식이나 사고방식은 거의 자동화된 상태로 이루어진다.

이러한 사물의 관찰 방식이나 사고방식은 오직 대상물을 보거나 생각하는 일에만 작용하는 게 아니다. 그것은 많은 것을 구별하고 구분 짓는 기능을 가진다. 건축과 그 외의 평범한 건물, 보존해야 할 건축과 부수어도 되는 낡은 건물, 보수가 싸더라도 해야 할 일과 고액의 보수에도 관여하고 싶지 않은 일, 게다가 건축가와 비非건축가를 구별한다. 건축가가 매일 무의식적으로, 그리고 자동적으로 실시하는 이러한 구별의 기준은 건축가들 사이에서 대체로 일치한다.

이처럼 건축가란, 건축가 한 사람 한 사람의 성향과 의식의 집합체로 구축된다. 그 집합체에 속하는 건축가는 개인의 건축가에게도 영향을 준다. 이렇게 만들고 만들어지는 순환 운

동의 움직임 속에서 건축가라는 개념이 존재한다.

이 책에서는 이러한 복잡한 구조를 쉽게 정리하고 이해하기 위한 가이드라인으로 프랑스 사회학자 피에르 부르디외Pierre Bourdieu(1930-2002)가 조탁한 몇 가지 사회학 이론을 원용한다.

피에르 부르디외는 프랑스를 대표하는 지식인이자 사회학자이다. 사회과학고등연구원과 콜레주 드 프랑스Collège de France에서 교수를 지냈다. 방대한 수의 논문과 저서를 보유하며 일본의 사회학자 및 인류학자들에게 지속적으로 큰 영향을 미치는 학자이다.

그런 위대한 학자의 이론을 원용한다는 말을 듣고 방어의 자세를 취하는 분들이 있을지도 모르지만 염려하지 말기 바란다. 사회학적 지견은 논의를 고상하게 보여주기 위한 장식이 결코 아니다. 사물을 알기 쉽고, 더욱 깊이 읽기 위한 지적인 도구이다.

부르디외의 이론을 사용하면 위 논의는 〈아비투스Habitus〉와 〈계界〉라는 이론으로 정리할 수 있다. 자세한 것은 다음 장에 서술하겠지만 여기서 먼저 약간의 해설을 더하고 싶다.

앞서 예로 들었던 건축가 개인이 대개 자동적으로 행하는 가치 판단이나 사물의 관찰 방식을 아비투스라고 부른다. 그것은 '구조화하는 구조'로서 건축가라는 구조를 만들어 간다.

그러나 구조라는 단어를 과하게 의식하면 뜻밖의 오해를 살 수도 있다. 이 점에 대해서 부르디외는 아래와 같이 말한다.

아비투스의 개념에서 숙명을 생각하는 사람들이 있지만 아비투스는 숙명이 아닙니다. 역사의 산물인 아비투스는 개방된 성향의 체계로서 끊임없이 새로운 경험에 직면하며, 그렇기에 항상 경험의 영향을 받습니다. 아비투스는 지속 가능하지만 변하지 않는 것은 아닙니다.[5]

이처럼 아비투스란 고정적이고 보편적인 것이 아니다. 그러나 앞서 언급한 설명에서 아비투스는 마치 아무것도 없는 진공의 상태에서 태어난 듯한 오해를 줄 수도 있다.

아비투스가 작동하는 것은 오로지 계 내부에서만 가능하다. 계는 사회 속에 존재하며 상대적으로 자립한다. 각각의 계에는 고유의 질서나 규범, 동적인 메커니즘이 존재한다.

건축계라는 거대한 하나의 세계 아래에는 분양주택업계, 건설업계 등 다수의 관련된 하위계가 존재하며 그 일각에는 '건축가계'가 존재한다. 앞서 언급한 건축가의 아비투스는 건축가계의 영향을 많이 받는다.

예를 들어 분양주택업계에 속하는 사람(건축사)의 경우, 해체하여 빈터로 만들면 여러 채의 분양주택을 지을 수 있는 커다란 빈집이나, 조성하면 햇빛이 잘 들어오는 좋은 부지가 될 만한 도시 근교의 논밭을 쉴 새 없이 찾고 있지 않을까. 건축가계에 있는 건축가라면 이러한 경우를 볼 일은 거의 없을 것이다.

즉 아비투스와 계는 하나의 세트로 원용할 필요가 있다. 앞선 부르디외의 인용에는 "아비투스는 지속 가능하지만 변하지 않는 것은 아닙니다"라는 문구가 있었다.

이 책에서는 건축가계를 고정적인 것으로 받아들이지 않고, 큰 변화의 압력에 계속해서 노출되어 끊임없이 움직이는 존재로 묘사한다. 특히 이 책의「건축가를 향한 이상적인 자세의 변화」와「거리에서 이름과 얼굴을 되찾은 건축가」에서는 큰 시대 변화의 물결 속에서 변하려는 건축가, 그리고 재빨리 전신転身을 이루고 새로운 건축가의 모습을 수립하여 개척자가 된 건축가를 다룬다. 이에 대해서는 다음 장에서 개요를 설명하고자 한다.

변해가는 건축가

본격적으로 인구가 감소하는 시대에 접어들면서 거주자가 없는 주택이나 사용되지 않는 건물이 눈에 띈다. 이러한 빈집空家을 어떻게 처분하거나 활용할지에 대한 과제를 많은 지자체가 고민하고 있다.

가장 좋은 방법은 이러한 빈집을 능숙하게 활용하는 것이다. 빈집의 재생을 지역 활성화에 연결할 수 있다면 일석이조이다.

나는 지역 재생이나 마을 만들기 등의 필드워크도 실시하고 있다. 그럴 때 현장에 가면 반드시 건축가를 만난다. 그들은 프로젝트의 핵심으로서 중요한 일을 맡고 있는 경우가 많다.

지방의 활성화나 빈집의 재활용이 건축가와 연결되지 않는다고 말하는 사람도 많을 것이다. 확실히 건축가라고 하면 안도 다다오나 구마 겐고, 혹은 자하 하디드Zaha Hadid(1950-2016), 2004년 프리츠커상 수상라는 이름과 함께 거대한 올림픽 스타디움이나 웅장한 미술관 등을 떠올릴 것이다.

그러나 이러한 대규모 건축 프로젝트와 관련된 건축가는 극히 일부이다. 대다수는 주택이나 작은 오피스 빌딩의 설계를 주된 무대로 삼아 싸워나간다. 최근에는 이러한 일을 포함하여 빈집의 재생이나 거기서 파생하는 마을 만들기라는 일에 힘을 쏟는 건축가도 늘어나고 있다. 건축가는 공간을 다룰 줄 아는, 게다가 우리 주변에 가까이 있는 전문가이기 때문이다. 이 '가까이에 있다'라는 것, 이것이야말로 굉장히 중요한 개념이다.

이를 설명하기 위해서 우리가 살고 있는 시대를 이야기하고 싶다.

현대 사회는 '후기 근대'라는 시대의 중심에 있다. 자세한 것은 나중에 이야기하겠지만 이 시대의 특징 중 하나를 단적으로 말하자면, 우리의 일상생활은 거대하고 정교한 시스템에 의해 뒷받침되고 있다. 상하수도, 전기, 가스 같은 파이프라인과 철도, 도로 등 교통 인프라, 그리고 슈퍼, 편의점과 같이 끊임없이 신선한 상품을 공급하는 유통망, 24시간 우리를 지켜주는 의료 시스템 등이 바로 그것이다.

이러한 시스템을 운용하거나 개발하는 사람은 다양한 분야의 전문가들이다. 그들은 기본적으로 바깥에 드러나지 않는다. 즉 시스템은 익명의 전문가들에 의해 운용된다.

하지만 우리 일상생활의 사소한 애로사항이나 상담거리에 대해 친근하게 다가서는 전문가들도 있다. 큰 병원에 갈 필요가 없는 약간의 감기라도 잘 진찰해 주는 '동네 의사'로 불리는 의사, 친근한 간호사, 조부모를 보살펴주는 요양사, 그리고 아이를 돌봐주는 보육교사 등이다.

그들은 기본적으로 개인의 이름으로 활동하고 있다. 단골 병원에서 의사를 'OO씨'라며 이름으로 부르는 경우가 여러분도 많지 않을까. 내가 자란 동네의 경우 내과는 아베 씨, 안과는 오우치 씨, 치과는 고니시 씨였다. 내과에 간다기보다는 "아베 씨에게 다녀오겠다"라는 식으로 말하는 게 일반적이었다.

그런 의미에서 건축가도 사실 가까운 전문가가 될 수 있는 존재이다. 안도 다다오나 구마 겐고에게 선뜻 설계나 리노베이션을 의뢰할 수는 없지만 우리의 가까운 곳에는 건축가가 운영하는 많은 설계 사무소가 있다. 건축가는 건축물의 설계라는 스킬을 가진 기술자이지만 디자인 센스도 가지고 있고 관련된 법률에 대해 속속들이 알고 있다. 즉 종합적으로 공간을 다룰 수 있는 프로인 셈이다.

줄곧 예술가로서의 건축가나 건축 작품에 초점이 맞추어져 왔다. 그러나 관점을 바꾸어 공간을 통째로 다루는 프로로서 건축가를 살펴보면 흥미로운 점이 많이 나타난다. 이 책에서는 그러한 시점에서 보이는 건축가의 새로운 측면도 소개하고 싶다.

『건축가의 해체』라는 제목의 의미

이 책의 원제인 『건축가의 해체』에 담긴 의미에 대해 말하고 싶다. 물론 건축가의 세계나 건축가라는 직업이 사라지는 것은 아니다. 건축가는 앞으로도 계속될 직업이라고 확신한다.

그렇다면 왜 '건축가의 해체'인가. 이는 한마디로 지금까지 당연시되어 온 건축가를 둘러싼 환경이 크게 흔들리고 있다는 것을 의미한다.

과거에는 기회를 얻어 작품을 만들고 그것이 잡지에 게재되는 등의 평판을 불러일으키면 한층 더 좋은 기회를 얻을 수 있었다. 그렇게 일의 양을 점차 늘리면서 주택에서 상업 시설, 오피스 빌딩, 머지않아 미술관이나 청사 등의 큰 프로젝트의 의뢰가 날아든다는 것이 건축가의 성공 스토리였다.

그러나 현재 이러한 스토리는 대부분 해체되었다. 그렇다고 이 책에서 "건축가는 해체되었다", "그래서 끝났다"라고 말하고 싶은 게 아니다. 오히려 (지금까지의) 건축가들을 일단 해체한 후, 그로부터 새로운 건축가의 모습을 만들어 가는 것이 앞으로 건축가들이 살아남을 수 있는 길이지 않냐는 주장이다.

이렇게 말하는 것은 쉽지만 건축가를 해체하는 것은 여간 어려운 일이 아니다. 앞서 잠깐 언급했지만 건축가란 모든 건축가들 사이에서 '아비투스'로 존재한다. 많은 건축가들에게 건축가라는 직업은 삶의 방식 그 자체일 것이다. 이를 바꾸는 일은 쉽지 않고, 과연 바꾸는 것이 가능한지조차 알 수도 없다.

그렇기 때문에 건축가의 해체를 개척한 타니지리 마코토谷尻誠(1974-), 야마자키 료山崎亮(1973-)와 같은 사람들은 건축가계의 주변부에 자리 잡고 있는 건축가들이다. 이들은 건축가계의 메커니즘이나 가치관에 위화감을 느끼거나, 들어가고 싶어도 들어갈 수 없는 쓴맛을 본 경험이 있다.

따라서 이대로라면 건축가계가 오래 버틸 수 없을 거라는 사실을 조감하면서 냉정히 전망했을 것이다. 건축가계에서 펼쳐지는 탁월화의 게임과는 일찌감치 거리를 두고 독자적인 방식으로 건축과 관련된 스타일을 확립한 것이다.

또한 이 책은 이소자키 아라타의 저서 『건축의 해체』(1975)의 오마주이기도 하다. 『건축의 해체』는 사람들이 가장 많은 영향을 받은 건축 서적 중 하나이다.

아버지 사무실의 책장에 꽂혀 있던 이 책을 고등학생 때 손에 쥐었다. 거기에 소개된 세계적인 건축가들의 전위적이고 이상적인 건축의 다양한 모습과 해석 방식은 너무나도 참신했다. 도면을 그려 물리적인 건물을 건설하는 것만이 건축(적 행위)이 아니라는 것을 알았다. 이 경험은 건축학과에 미련을 남긴 채 인문사회학과에 진학하려던 나의 등을 밀어주었다.

그렇게 대학에서 사회학을 공부한 뒤, 『건축의 해체』를 다시 읽으면서 이 책을 현대 사회, 특히 후기 근대라고 불리는 시대의 도래와 격투한 건축가들의 기록으로 이해했다.

이소자키는 『건축의 해체』에서 테크놀로지를 궁극적으로 표현(실시)한다는 근대 건축의 테마는 생각보다 빨리 달성되었고, 그 결과 건축이 지향해야 할 목표를 잃었다고 지적한다. 이어서 "그 결과, 메울 수 없는 거대한 공동空洞에 부딪힌 느낌이다"라며 그것을 '주제의 부재不在'라는 말로 표현했다.[6]

이소자키는 '주제의 부재'라는 주제를 다룰 수밖에 없게 된 건축가들의 다양한 표현들을 소개한다. 그것은 건축의 전제를 허물고 의미를 해체하고 다양한 전위적 기법을 펼치는 방식으로, 주제의 부재와 격투를 벌이는 건축가들의 도전이었다.

이러한 건축가들의 도전은 앞을 내다볼 수 없는 시대를 대비하고자 자신을 성찰하고 끊임없이 업데이트하며 후기 근대를 살아가는 우리들의 모습과도 겹친다. 『건축의 해체』는 후기 근대를 살아가는 사람들이 직면한 고뇌를 일찍이 다룬 책으로서 읽는 것도 가능하다.

이처럼 이 책은 『건축의 해체』의 문제의식을 계승하면서 '주제의 부재'와 싸우며 계속해서 건축을 설계해 온 건축가들의 부단한 도전을 그리는 동시에 더 이상 피할 수 없는 '건축가의 해체'의 양상을 묘사한다. 나아가 이 책의 후반부에는 현대 사회의 양상에 비추어보면서 건축가의 해체와 그다음에 존재하는 건축가의 실천에 대해 서술한다.

이 책의 구성

마지막으로 이 책의 구성에 대해 이야기하고 싶다. 이 책은 모두 다섯 개의 챕터로 이루어져 있다.

「아비투스, 건축가가 되기 위해 필요한 자본」에서는 건축가의 세계를 알기 쉽게 분석하기 위한 사회학 이론의 시각(perspective)을 제시한다. 보다 알기 쉽도록 프랑스 사회학자 피에르 부르디외와 관련된 사회학 이론을 원용한다. '아비투스', '계', '자본'이라는 개념을 사용하면서 건축가의 세계를 입체적으로 고찰한다.

그러나 알기 쉬움을 목표로 도입한 개념이 도리어 책 전체의 이해를 어렵게 만든다면 본말이 전도된다. 그래서 건축가의 독특한 세계를 쉽게 이해할 수 있도록 다른 세계와 상대화하는 방식을 고안했다. 예를 들면 '연예계'나 '개그맨'을 예로 들면서 사회학 이론을 원용하고자 한다.

「건축가를 양성하는 대학 교육의 숨겨진 장치」에서는 건축가 다움을 만들어 가는 장소로서 대학을 해석한다. 본래 대학의 역할은 학생들에게 전문 지식을 가르치는 것이다. 그러나 현재顯在•적인 역할과는 별개로 대학에는 어떠한 잠재潛在적인 역할이 존재하고 있음을 지적한다.

대학의 건축학과는 건축학을 주축으로, 해당 전문 지식을 학생들에게 가르치는 것을 사명으로 한다. 한편 건축가다움을 철저하게 가르치는 역할도 한다. 그것은 강의계획서에 적혀 있지 않으며 또한 교원의 입에서 적극적으로 언급되지도 않는다. 그러나 확실하게 존재하고 있다. 이러한 건축학과의 '숨겨진 커리큘럼'을 조명함으로써 알 수 있는 것은 건축가의 활성화와 재생산을 맡는 건축학과의 잠재적인 역할이다. 그리고 나의 경험을 섞어가며 위와 같은 대학과 건축가와의 관계에 대해 이야기한다.

「주택을 설계할 수밖에 없는 건축가」에서는 건축가가 주택을 대상으로 삼고 그 설계의 솜씨를 겨룬 양상을, 전후 건축가의 역사를 풀어가면서 그려나간다. 전전부터 전후까지 건축가들은 민주주의 세상에 적합한 주택 모델을 제시하거나 공습으로 소실된 많은 주택 재건에 이바지하기 위한 합리적인 평면과 공법을 조탁하는 일에 힘을 쏟았다. 그러나 1960년대 무렵부터 주택이라는 대상은 당시 발흥했던 주택 산업이 담당하게 되었고 전문가로서의 건축가는 주택에서 철수하게 된다.

• 분명한 형태로 드러나 존재함(↔잠재)

반면에 늘어나는 건축가와 건축가 예비군을 추려내는, 이른바 '선발 시험'으로 주택이 자리매김하게 된다. 주택 작품에서 두드러진 성과를 낸 건축가는 이후 더욱 큰 규모의 건축을 설계할 기회를 갖게 된다. 또한 인구가 증가하고 환경이 악화되는 도시에서 어떻게 쾌적하게 살 것인가에 대한 건축가의 새로운 주제와도 맞물려 건축가가 다루는 주택은 백화요란百花繚乱의 양상을 띠게 되는데, 이러한 상황에 대해 이야기하고자 한다

「건축가를 향한 이상적인 자세의 변화」에서는 건축가가 건축작품의 우열을 서로 경쟁하고 탁월화를 위한 아레나였던 '건축가계'의 소실에 대해 오사카 엑스포와 한신·아와지 대지진, 동일본 대지진이라는 두 가지 지진을 새로운 시대의 시작을 만드는 사건(epoch-making)으로 이해하는 동시에, 후기 근대라는 시대 구분을 단서로 풀어낸다. 그때 다음의 논점에 주목하고자 한다. 첫 번째는 '공간'과 '장소'를 둘러싼 논의이고, 두 번째는 '전문가(profession)'에 관한 것이다.

'공간(space)'이란 합리성이나 효율성이 추구된 장場을 말하며 '장소(place)'란 자기 자신을 기점으로 확장하는 장場을 말한다. 현대 건축가의 직능을 고려할 때 이 이항 대립은 효과적인 관점을 제공해 준다.

후기 근대론에서는 전문가 또한 중요한 개념이다. 건축가도 전문가에 포함되지만 건축가를 향한 전문가로서의 이상적

인 자세는 후기 근대라는 시대 속에서 크게 변모하고 있다.

우리가 생활하는 세계를 뒤덮고 있는 고도로 발달된 시스템은 익명의 전문가 시스템에 의해 구동된다. 건축 또한 그러한 시스템의 하나로서 도시에 배치되지만 그것들은 더 이상 개인 건축가가 감당할 수 있는 것이 아니다. 이러한 상황이 등장하는 1960년대를 거치면서 건축은 대상으로 삼아야 하는 주제를 잃어버린다.

1970년대에는 건축의 '주제의 부재'가 한층 더 현재화되었고, 오사카 엑스포의《태양의 탑》을 거치면서 건축의 상징성은 종식되었다.

1980년대의 건축은 버블 경제를 통한 자금의 유입에 의해 다시 부활하여 포스트모던이라는 마지막 도화를 피운다. 그것은 '노부시 세대野武士の世代, 1940년대 전반에 출생한 일본 건축가'의 건축가를 중심으로 이루어졌지만 오래가지 못하고 건축은 낭비의 상징이라는 비판의 대상이 되기까지 한다. 그 결과 건축가는 아티스트로서도, 전문가로서도 불안정한 위치에 내몰리게 된다.

1995년의 한신·아와지 대지진과 2011년의 동일본 대지진 이후 각각의 부흥하는 단계에서 건축가는 사회와의 관계를 되찾기 위한 분투를 벌인다. 그 분투는 과연 성공했을까.

「거리에서 이름과 얼굴을 되찾은 건축가」에서는 '건축의 해체'를 거쳐 '건축가의 해체'에 이르는 과정, 그리고 현대 건축가의 직능을 검토하기 위한 '거리의 건축가'의 도전이라는 두 가지 측면에서 건축가의 변천에 대해 분석하고 이야기한다.

건축가의 해체를 상징하는 건축가로서 두 명의 건축가를 이야기한다. 첫 번째는 타니지리 마코토이다. 타니지리는 학력이라는 자본을 가지고 있지 않다. 즉 건축가계에 입계할 수 있는 자격이 없다. 그러나 다양한 실천의 결과로 건축가로서의 유명세를 획득하였다.

두 번째로 야마자키 료는 '짓지 않는 건축가'라는 캐치프레이즈로 형용되는 경우가 있는데 이는 후기 근대라고 불리는 현대 사회에 필요한 직능이다. 이 책에서는 타니지리와 야마자키의 활약에 대하여 건축계가 약체화되었음을 각인시킨 인물이라고 평가한다.

건축의 해체 이후 물리적인 건축은 뒤로 물러났고 사람들이 활동하는 광경이 눈앞에 나타나게 되었다. 야마자키는 그러한 시대의 특성을 재빨리 간파하고 커뮤니티 디자이너라는 일을 시작하여 성공을 거둔다.

후기 근대 사회에는 전문가가 설계 및 운영하는 '공간'이 주류가 되는 동시에 '장소'도 같이 발흥한다. 그러나 공간은 대형 사무소나 건설사가 담당하기 때문에 개인의 건축가가 나설 자리가 아니다. 바로 장소만이 건축가의 직능을 발휘할 수 있는 곳이다. 왜냐하면 장소가 필요로 하는 것은 '얼굴이 보이는 전문가'이기 때문이다. 장소의 재생과 건축가가 교차할 때,

얼굴이 보이는 전문가로서 건축가의 직능이 확장되는 계기가 나타난다.

현재 빈집의 증가는 사회적으로 커다란 과제이지만 그것을 자원으로서 적극적으로 활용하려는 움직임도 활성화되고 있다. 빈집을 리노베이션 하여 새로운 장사에 도전하거나 보금자리를 만드는 것, 즉 '장소'를 만들고 싶다는 사람이 많아졌다.

이 책에서는 그들을 '플레이어'라고 부르며 차세대형 마을 만들기의 중요한 요소로 평가한다. 그러한 플레이어와 2인 3각으로 장소를 만들어 가는 사람은 이 책에서 '거리의 건축가'라고 부르는, 지역에 뿌리를 둔 건축가이다. 그들은 작품이 잡지에 게재되는 것도, 건축가로서 유명해지는 것도 그다지 원치 않는다.

그들은 때때로 클라이언트와 함께 시공하거나 기획을 꾸미기도 한다. 게다가 스스로 매물을 구입하여 장소 만들기를 주도하는 사람도 나타나기 시작했다. 설계 및 감리라는 지금까지의 건축가의 직능을 초월한 활동을 하고 있는 셈이다. 클라이언트의 기쁨과 거리의 발전에 기여한다는 직접적인 반응은, 작품의 게재나 유명성의 획득이라는 보수를 능가하는 일이다.

아비투스, 건축가가 되기 위해 필요한 자본

건축가의 세계를 쉽게 분석하기 위해 아비투스, 계, 자본이라는 사회학 개념을 이야기한다. 아비투스는 건축가 계를 구성하는 중요한 요소이다. 아비투스를 익힌 건축가와 그렇지 못한 건축가가 걷게 되는 길은 무엇이 다를까? 다양한 예시와 서로 다른 세계를 상대화하는 방식으로 건축가 계를 입체적으로 알아본다.

부르디외의 이론을 통해 건축가를 이해하다

이번에는 사회학 이론을 원용한 건축가의 분석 구조에 대해서 검토할 것이며, 프랑스 사회학자 피에르 부르디외Pierre Bourdieu(1930-2002)의 이론을 참고하고자 한다.

사회학 이론이라는 말을 들으면 기피하는 분들도 있겠지만 오히려 이 구조를 사용하면 한층 더 건축가의 직업 세계에 대해 알기 쉬워지므로 안심하고 읽어나가길 바란다.

먼저 많은 사람들이 떠올리기 쉽도록 '연예인'과 '연예계'를 예로 들어 설명하고자 한다.

이 책을 읽는 사람들의 대부분은 연예인이 활약하는 세계를 연예계라고 부르거나 연예인과 연예계를 하나의 세트로 생각하는 일에 아무런 위화감을 느끼지 않을 것이다. 우리는 미디어를 통해 어느 신인 탤런트나 연예인이 유명해지고 연예계를 주름잡는 모습을 종종 보곤 한다. 그때 우리는 그 사람이 유명해진 이유를 외모, 가창력, 연기력, 유머 감각이라고 생각한다.

우리는 별다른 의식 없이 이러한 사실을 자연스럽게 받아들이지만 사실 이러한 관찰 방식이야말로 사회학적인 관점(perspective)이다. 사회학적인 관점이란 많은 사람들의 무의식 속에서 이루어지고 있는 이러한 관찰 방식을 조금 더 정리한 뒤, 의식의 도마 위에 올린 결과물을 말한다.

연예인과 연예계를 예시로 사용한 김에, 사회학적인 분석을 위한 구조로서 이 사례를 조금 더 활용해보자.

계界란 무엇인가

연예인과 연예계를 예로 들어 계界에 관해 더욱 자세히 살펴보자. 연예인이라고 해도 배우, 가수, 아이돌, 개그맨, 성우 등 다양한 직종이 존재하며 장르에 따라 세분화된다. 배우라면 배우계, 성우라면 성우계처럼 각각 연예계에서 하위 분화된 계(이것을 '하위계'라고 부른다)에 속해 있다는 점을 알 수 있다.

역사적으로 근대 사회는 기능을 분화하는 과정에서 다양한 계를 만들었다. 바로 정치계와 경제계, 스포츠계 등이 있다. 이러한 계는 더욱 하위 분화되어 다양한 하위계를 만들어낸다. 예를 들면 스포츠계가 하위 분화될 경우 각계(스모계), 야구계, 축구계 등이 만들어진다.

여기서 중요한 것은 모든 하위계는 독자적인 구조와 규칙을 가지고 있으며, 다른 계로부터의 영향을 받지 않는 상대적인 자율성을 유지하고 있다는 점이다. 각 계에는 그곳을 관장하는 누군가가 존재한다. 그리고 각 계에 들어가기 위해서는 그러한 권력자 혹은 지배자가 부과하는 기준을 충족시켜야 한다.

게다가 계에서의 위치(position)도 중요하다. 계의 내부자(행위자)들은 저마다의 위치에 안착하고 있다. 그 위치는 무엇에 의해 결정될까. 답은 각각의 행위자가 가지고 있는 자본의 총량과 종류에 따라 다르다. 나중에 더 자세히 언급하겠지만 연예계에 소속된 연예인의 자본은 외모, 가창력, 연기력 등 그 계에서 도움이 될 만한 자질을 말한다.

개그맨의 경우 오랜 세월 동안 계속해서 활약하며 아직까지도 많은 고정 출연 프로그램에 출연 중인 비트 다케시北野武(1947-), 타모리森田一義(1945-), 아카시야 산마明石家さんま(1955-)의 〈빅 쓰리ビッグスリ―〉를 정점으로 각양각색의 개그맨들이 만담, 콩트, 라쿠고落語 등 다양한 장르(하위계)에 분포되어 있으며 출연 프로그램의 수나 높은 출연료로 경쟁한다. 이러한 경쟁을 '투쟁'이라고 부른다.

계에서 이루어지는 투쟁이란 그 계 고유 자본의 분포 구조를 지켜내거나 뒤엎는 식의 싸움이다. 자본을 독점하는 사람들은 그것을 고수하려는 전략을 세운다. 반면에 자본을 지니지 않은 신인들은 그것을 뒤엎으려는 전복의 전략을 세운다.

개그맨과 코미디계

그럼 여기서 개그맨과 코미디계의 관계를 예로 들어 이 투쟁에 대해서 생각해 보고자 한다. 개그맨을 예로 드는 이유는 탁월화를 위해 얽힌 자본 등의 요소가 그리 많지 않아 예시로 삼기에 좋기 때문이다. 외모, 학력, 그리고 가창력도 따지지 않는다. 재미있느냐, 재미없느냐가 중요한 매우 단순한 승부의 세계이다.

그중에서도 오랜 역사를 지닌 대중 예능의 하나인 '만담'을 예로 들어보자. 여기서 만담의 역사를 대략 살펴보고자 한다. 쇼와昭和(1926-1989) 시대 초반, 센터 마이크를 세우고 두 명의 만담가가 화예를 펼치는 스타일이 나타난다. 그 선구자는 바로 요시모토 흥업吉本興業, 일본의 대형 연예 기획사에 소속된 만담가, 요코야마 엔타츠橫山エンタツ(1896-1971)와 하나비시 아챠코花菱アチャコ(1897-1974)이다. 이들은 이른바 '수다스러운 만담'으로 불리는 스타일을 확립한다. 이후 이들이 만들어낸 '수다스러운 만담 스타일'을 답습한 만담가들은 전쟁 중후반을 거치면서 오랫동안 인기를 얻게 된다.

그러나 1970년대부터는 그러한 스타일에 이의를 제기하는 젊은 만담가들이 대두하게 된다. 이들은 연장 세대와는 다른 스타일로 만담계에 승부를 걸었다.

시마다 신스케島田紳助(1956-)와 마츠모토 류스케松本竜介(1956-2006)의 콤비, 〈신룡〉은 지금껏 정장을 입고 단정한 옷차림으로 무대에 오른 선배 만담가들과는 달리 점프 수트를 입고 머리는 리젠트 헤어라는 불량스러운 외모로 등장했다. 또한 빠른 템포와 '왁자지껄한 스타일'도 그동안의 예정 조화롭고 느긋한 만담과는 결이 달랐다.

신룡이 서쪽의 왕자라면 동쪽의 왕자는 비트 다케시와 비트 키요시兼子二郎(1949-)의 콤비, 〈투 비트〉이다. 그들은 독설과 무대에서의 과격한 퍼포먼스를 베팅금으로 만담계를 평정했다. 그리고 1980년대 짧은 시기에 폭발적인 유행 현상이 된 만담 열풍에 더불어 이들의 인기는 절정에 달한다. 그 결과 만담가는 단숨에 전국적인 유명세를 얻게 된다.

만담 붐의 짧은 브레이크 뒤 〈다운타운〉이 등장한다. 다운타운은 요시모토 종합 연예학원(New Star Creation)요시모토 흥업이 개그맨 양성을 위해 운영하는 학교의 1기생이기도 하다. 이들은 관서 사투리를 사용하는 신룡의 '강인한 면모를 지닌 만담가 스타일'을 일부 답습했지만 연장 세대의 대표적인 만담가 요코야마 야스시橫山やすし(1944-1996)로부터 '불량배들의 입담'이라며 소외를 당했다. 한편 이들의 만담은 신룡의 멤버, 시마다 신

스케의 만담계 은퇴를 결정지을 정도로 참신했다. 게다가 아이돌에 버금가는 '인기'라는 새로운 '자본'을 만담계에 들여온 것도 이 세대의 만담가들이다.

M-1의 역할

이처럼 계界에는 자본을 지니지 못한 신입이 새로운 스타일을 만들어내고 도전한다. 그것은 간혹 계의 지배자나 권력자에게 혐오를 사는 일이지만 기존의 스타일을 뒤집지 않는 이상 젊은 층의 대두는 없다. 그러나 다운타운의 등장 이후 젊은 층이 연장 세대를 무찌르는 하극상 스타일은 잘 보이지 않게 된다.

그 요인 중 하나는 〈M-1 그랑프리(이하 M-1)요시모토 흥업이 주관하는 인기 높은 만담가 콘테스트〉의 개최일 것이다. 만담계에서 재능을 보이는 젊은 개그맨은 모두 M-1을 목표로 한다. 만담계의 젊은 층에게 M-1의 우승은 최대의 자본이 된다. M-1의 우승자가 되면 미디어의 노출은 증가하고 유명 프로그램이나 광고 제의가 들어오는 등 단번에 탁월화의 계단에 오를 수 있다. 신룡이나 투 비트가 연장 세대를 무찌르는 형태로 등장한 것과는 대조적으로 M-1 이후의 젊은 층은 연장 세대에게 발탁되는 형태로 세상에 나타나게 된다.

M-1은 신인이 만담계의 대표 인물에게 도전한다는 구조로

기획되었으며 상금이 걸린 레이스로서 제도화되었다. 상금이 걸려 있기 때문에 심사위원이 존재하는데, 그 심사위원의 자리에는 만담계의 대표 인물이 앉아 있음으로써, 예를 들어 탁월한 재능을 가진 젊은 층이 등장하더라도 그 재능을 심사하고 인정했다는 공적이 그들에게도 가산되는 구조이다.

연장 세대가 심사위원 역할을 함으로써 젊은 층이 아무리 뛰어난 퍼포먼스를 한다 할지라도 그것을 인정하고 평가할 권한을 가지는 한 그들이 전복되는 일은 없다.

M-1은 젊은 층의 대두를 촉진하면서도 연장 세대 또한 자신의 자리를 지킬 수 있도록 하여 매우 잘 만들어진 구조이다.

개그맨의 자본과 아비투스

최근에는 M-1뿐만 아니라 〈R-1 그랑프리요시모토 흥업이 주관하는 1인 코미디 콘테스트〉 혹은 개그우먼 No.1 결정전, 〈THE W〉라는 상금이 걸린 콘테스트가 개최되어 큰 인기를 얻었다. 이러한 대회는 세간의 주목 또한 높기 때문에 우승자는 물론 결승에 오른 파이널리스트들도 상당한 지명도를 얻을 수 있다.

이처럼 큰 대회의 '수상 경력'은 개그맨들이 코미디계에서 탁월화를 할 수 있는 '자본'이 된다. 자본이라는 말에 돈을 떠올리는 사람도 많을 것이다. 물론 돈도 '경제 자본'이라고 부를 수 있는 자본의 일부이다. 알다시피 돈이라는 자본은 많은 것을 가능하게 한다. 그렇다고 코미디계의 탁월화를 위해 경제 자본을 쓸 수 있을까. 당연히 아니다. 경제 자본은 코미디계에서 자본이 되지 않는다.

그렇다면 학력은 어떨까. 취업을 준비하는 대학생에게 학력이란 커다란 자본이다. 그러나 코미디계에서 학력은 필요 없다. 오히려 예전의 오사카에서는 학업이 부진하면 "요시모토에나 가라!"라는 말을 들었다고 한다. 그러나 최근에는 유명 대학을 졸업한 고학력 개그맨도 인기를 얻고 있다. 굳이 말하자면 중졸 혹은 고졸이 많았던 코미디계에 교토대를 졸업한 만담가가 씩씩하게 등장한 셈이다. 그리고 만담가의 파트너인 다른 한 명 또한 오사카부립대를 졸업한 고학력 개그 콤비로서 〈로잔〉은 학력이라는 자본으로 주목받아 탁월화의 경쟁에서 이겨냈다.

이처럼 학력을 자본으로 삼을 수 있는 개그맨들은 와이드 쇼의 해설자로 발탁되는 등 활약의 장場을 넓히고 있다. 이는 바로 '학력'이 '자본'으로 기능했다는 증거이다.

이처럼 계 안의 관계 속에서 유효하게 작용하는 자본이면서, 그 밖의 계와의 관계 속에서도 기능하는 개념이 있다. 그것은 바로 아비투스이다. 「건축가를 꿈꾸던 사회학자, 건축가를 말하다」에서도 언급했지만 아마도 아비투스는 부르디외의 분석 개념 중에서 사람들에게 가장 많이 회자된 개념일 것이다.

그러나 오해 또한 매우 많은 개념이기도 하다. 가장 많은 오해는 아비투스를 단순한 습관이나 버릇으로 이해하는 것이다. 습관은 습관(custom)이고 버릇은 버릇(habit)이다. 이미 존재하는 개념을 표현하기 위해 일부러 새로운 개념을 등장시킬 필요는 없으며 무엇보다 아비투스에는 그러한 의미가 없다.

게다가 아비투스는 단독으로 사용할 수 있는 개념이 아니라 계나 자본처럼 다른 중요한 개념과 조합하여 생각해야 한다. 아비투스와 그 외 다른 개념과의 관계성에 대한 이해를 돕기 위해 사회학자 이소 나오키磯直樹가 정리한 내용을 확인하고 싶다.

아비투스는 특정한 계 안에 존재하는 규칙과 특성의 작용을 계속해서 수용한다. 반면에 어느 계의 행위자가 어떻게 행동할지는 아비투스의 작용에 의해 크게 결정된다. 계에 있어서 행위자의 객관적인 위치 관계는 자본의 종류와 총량에 의해서 규정되지만 실제로 계 안에서 어떻게 투쟁, 게임할 수 있을지는 어떠한 아비투스를 가지고 있느냐에 따라 달라진다. 그것이 계 내부와 아비투스의 관계이다.[1]

요시모토 흥업은 요시모토 종합 연예학원(이하 NSC)이라는 학교를 운영하고 있다. 이곳에서는 전문 연예인으로 활동하기 위한 다양한 기술을 전수한다. 개그맨을 꿈꾸는 자들은 이 학교에 들어가는 것이 지름길이라고 여기고, 실제로 매년 많은 사람들이 NSC의 문을 통과한다.

중요한 것은 개그맨들에게 NSC는 예능 기술뿐만 아니라 개그맨다운 사고방식과 행동방식 등 선배 개그맨들의 모습을 보고 배울 수 있는 자리라는 사실이다. 그것은 업계에서 살아남기 위해 필요하지만 명문화되지 않는 이른바 암묵적인 지식 체계이다. 이러한 것들은 코미디계 안에서 아비투스로 기능한다. 또한 함께 개그맨을 꿈꿀 수 있는 동료가 생기는 점도 학생에게 큰 이점이기도 하다.

자본의 4가지 유형

여기서 영국 사회학자 닉 크로슬리Nick Crossley의 정리를 토대로 부르디외의 자본 개념에 대해 검토하고 싶다.

앞서 말했듯이 자본이라는 말을 듣고 우리가 먼저 떠올리는 것은 아마도 돈일 것이다. 그러나 그것은 수많은 자본 중 하나일 뿐이다. 부르디외에 의하면 자본에는 네 가지의 기본적인 유형이 존재한다. 그것은 경제자본, 상징자본, 사회자본, 그리고 문화자본이다.[2]

'경제자본'은 우리가 일반적으로 자본이라고 생각하는 것을 가리킨다. 경제자본은 수량화된 합리적인 자본이며 토지나 공장과 같은 생산재나 소득, 자산 등의 총체를 가리킨다. 경제자본은 경제계 속에서 태어나지만 경제계는 다른 모든 계에 침투하고 있다. 그러므로 대부분의 사회적 문맥 안에서 경제자본은 중요한 존재이다.

다음은 '상징자본'이다. 상징자본이 구체적으로 무엇인지를 지칭하기는 어렵다. 예를 들어 노벨상 수상자나 미국의 전직 대통령은 어느 나라를 가더라도 존경받는 매우 높은 명성을 가지고 있다. 한편 마이너 경기의 기록 보유자나 희귀 물건 수집가 등은 그 계에서 존경받고 위신도 있지만 사회 전반에 통용되는 명성을 갖진 못할 것이다. 이러한 문맥에서 전자에는 상징자본이 있고 후자에는 그것이 없다고 나타낼 수 있다.

다음은 '사회자본'이다. 사회자본이란 단적으로, 인맥이다. 별로 좋은 뉘앙스의 말은 아니지만 '연줄'이라는 말이 더 알기 쉬울 것이다. 연줄은 여러 곳에서 도움이 된다. 특히 지역의 명문고나 유명 대학의 동창회에 소속될 경우 유력한 연줄을 획득하기 쉽다. 이러한 동창회에 소속된 사람도 사회자본을 가지는 셈이다.

마지막으로 '문화자본'이다. 문화자본도 아비투스와 마찬가지로 이름이 잘 알려진 개념이다. 부르디외는 문화자본이 다음의 세 가지 형태로 존재한다고 말한다. 그것은 신체화된 형태, 객체화된 형태, 제도화된 형태이다. <신체화된 형태>는 품위 있는 어조나 단정한 행동을 예로 들 수 있다. 이러한 태도에 따라 주변 사람들로부터 존경받는 일도 많아진다. <객체화된 형태>는 장서나 레코드, 아트 작품 등 개인이 소유할 수 있는 것이다. 마지막으로 〈제도화된 형태〉란 학위나 자격 혹은 공무원 등의 신분이 해당된다.

위와 같이 문화자본에 대해 간략하게 열거했지만 "문화자본이 무엇이냐고 묻는 것은 별로 의미가 없다"라는 점에 유의할 필요가 있다. 앞에서 언급한 이소 나오키의 설명에 따르면 문화자본이란 "이념을 도식화했을 때 가상仮想할 수 있는 자본 개념의 유형 중 하나"이다. 여기서 중요한 것은 바로 자본과 계의 관계이다. "어느 문화자본을 자본으로 만드는 계의 특성이 무엇인지를 물어야 한다[3]"라는 것이다.

여기서 학력을 예로 들고자 한다. 취업 활동이나 이직 활동에 있어서 학력은 효과적으로 기능한다. 따라서 학력은 많은 사람들에게 (문화)자본으로 기능한다. 특히 정치나 관료계에서 이러한 경향은 강하게 나타날 것이다. 그러나 학력이 누구에게나 (문화)자본이 되는 것은 아니다.

예를 들어 복싱계나 장기계 등에서는 학력이 (문화)자본으로 기능하지 않는다. 연예계의 경우 학력은 때때로 (문화)자본으로 기능할 것이다. 최근에는 고학력의 연예인이 퀴즈 프로그램의 답변자나 와이드 쇼의 해설자로 출연하는 경우가 많은데 이는 그 사람의 학력이 (문화)자본으로 기능했다는 증거이다.

즉 자본을 고려할 경우에는 자본 그 자체가 아닌 계의 특성을 검토할 필요가 있다. 앞서 부르디외는 자본을 네 가지 유형으로 분류한다고 말했는데 궁극적으로는 "부르디외에게 있어서 자본 앞에 오는 수식어는 무엇이든 상관없다[4]"가 된다. 그렇기 때문에 더 이상 자본에 대해 길게 설명할 필요는 없다. 바로 건축가계에 대해 검토해 보자.

건축가계의 구조

부르디외 이론에서 말하는 계界는 사회 공간의 내부에서 상대적으로 자립하는 존재이다.

그러므로 각각의 계에는 고유의 질서와 규범, 동적인 메커니즘이 존재한다. 보다 구체적으로는 해당 계의 멤버들은 무엇에서 가치를 찾을 것인가 혹은 찾을 수 없을 것인가에 대한 고유의, 그리고 어느 정도 공통된 평가축을 지닌다.

건축계라는 거대한 하나의 계 아래에는 분양주택업계, 건설업계 등 건축과 관련된 다수의 하위계가 존재하며 그 일각에 '건축가계'도 존재한다. 이 건축가계란 어떠한 특징을 통해서 근접한 다른 계로부터 상대적으로 독립될 수 있는 것일까.

여기서 분양주택업계와 건축가계를 비교하여 생각해 보자. 이 두 가지 계에는 전혀 다른 메커니즘이 작동한다. 각각의 계가 필히 목표로 삼아야 하는 목적(=쟁점)이라는 관점에서 비교하고 싶다.

분양주택업계의 목적은 매출이며 연간 건설 호戶수이다. 반면에 건축가계는 어떨까. 아마 매출이나 판매 호수 등은 주된 목적이 아니며 예술이나 전위성 그리고 잡지 게재의 여부나 수상 경력 등이 목적일 것이다.

  나는 그동안 많은 건축가를 취재했지만 좋은 주택을 만들기 위해 수고와 시간을 너무 많이 들인 나머지 결국 그 일이 적자가 되고야 말았다는 이야기를 여러 번 들은 적이 있다. 이것은 주택 회사에서 결코 상상할 수 없는 상황이다. 물론 프로젝트가 적자가 되는 것은 건축가에게도 결코 바람직한 일은 아니지만 그럼에도 이러한 발언이 모종의 무용담처럼 회자되는 일은, 건축가에게 건축의 질의 추구가 이윤 추구의 상위에 놓여 있음을 보여주는 증거라고 할 수 있다.

  여기서 말한 목적(=쟁점)은 '베팅금'으로 바꾸어 말할 수도 있다. 특히 건축가계의 경우 (목적이 아닌) 베팅금이라고 부르는 편이 더욱 이해하기 쉬울 것이다. 계의 모든 구성원들은 자신들이 소속된 계 고유의 목적이나 베팅금에 대해 가치가 있다고 굳게 믿는다. 그리고 이를 목표로 경쟁하는 일에도 의미가 있다는 신념을 지닌다. 이 부분에서는 멤버 전원이 일치한다.

건축가계의 경계

다음으로 계界에는 고유의 경계가 있다는 점에 대하여 사례를 들어가며 검토하고자 한다.

아래는 어느 건축 잡지에 실린 정담의 한 장면이다. 참가자는 아티스트 스기모토 히로시杉本博司(1948-)와 건축가 나이토 히로시內藤廣(1950-) 그리고 편집자 후타가와 요시오二川由夫(1962-) 세 명이다. 이야기는 아티스트인 스기모토가 자신이 기획 및 설계하고자 했던 미술관의 설계에 대해서, 건축가 나이토에게 상담했던 때를 회상하면서 시작된다.

나이토 초반부터 이야기의 핵심이 될지도 모르겠지만 그때 생각한 것은 건축가의 이치를 생각하지 않았다는 것이었습니다. 역시 아티스트는 다른 회로에서 생각하고 있다는 점을 알았습니다.

후타가와 최근 '난장판'까지는 아니지만 디자이너나 아티스트가 사무실을 만들어 건축 설계를 하는 경우가 꽤 있어요 (웃음).

나이토 인테리어 출신으로 건축을 하는 분들도 많죠.

후타가와 거기에 '경계선'을 긋는군요. 아티스트에 비하면 인테리어 디자이너는 (건축에) 가까운 것 같긴 한데, 그래도 역시 차이는 있죠.[5]

건축하지 않는 건축가

여기에는 건축 설계라는 동일한 일에 종사하는 다양한 직업인 건축가 외에 디자이너, 아티스트, 인테리어 디자이너가 언급된다.

무엇보다 중요한 것은 다른 분야의 행위자들이 건축 설계에 진출하는 일에 후타가와가 '난장판'이라고 표현했다는 점이다. 난장판이라고 말한 뒤 곧이어 "…아니지만"이라고 부정했지만 적절하지 않다고 생각하면서도 '난장판' 이외의 단어가 떠오르지 않았음을 증명한다. 즉 한없이 속내에 가까운 발언이라고 할 수 있다.

후타가와는 인테리어 디자이너와 건축가 사이에 경계선을 긋는 나이토에 놀라면서도 본인 또한 디자이너와 아티스트가 건축 설계 분야에 진출하는 것을 별로 탐탁지 않게 생각함을 드러낸다. 그리고 후타가와의 발언에는 '경계선'이라는 말이 나오는데 이것이야말로 세상을 규정하는 중요한 단어이다. 나이토는 아티스트와 건축가 사이에 존재하는 사고 회로의 차이를 언급하면서 인테리어(디자이너)와 건축가의 사이에도 경계선이 있음을 시사한다.

게다가 정담의 중반에는 건축가 이시가미 준야石上純也(1974-)의 이야기로 화제가 전환되는데 여기서 후타가와는 "(이시가미 준야 씨가) 독립했을 때 그가 말하는 방식은 여태까지의 건축가와는 약간 달랐습니다. 그래서 야유하듯 아티스트라고 했더니 발끈하며 자신을 건축가라고 주장했습니다[6]"라고 말했다.

그 밖에도 레스토랑이나 카페, 의류 판매점의 인테리어 설계(시공)를 주축으로 하는 '상업 건축'에 대하여 그것은 건축가가 해야 할 주제가 아니라는 뉘앙스의 발언도 보인다. 예를 들어 이토 도요伊東豊雄(1941-), 2013년 프리츠커상 수상는 시노하라 카즈오篠原一男(1925-2006)와의 대담에서 "(이토 도요가) 일본 항공(JAL)의 인테리어 디자인에 많이 참여한 경험"에 대해 "상업 건축을 만드는 것과 주택 혹은 공공 건축을 하는 것에는 무언가 차이가 있는가 묻는다면, 역시 있는 것 같다[7]"라고 말했다.

그 이야기를 듣고 대담의 상대인 시노하라도 "본질적으로 상업 건축에는 비평성이 요구되지 않는다. 애초부터 비평성이 결여되었다는 사실이 상업 건축의 본질이라고 생각한다"라며 상업 건축을 비평성이 요구되지 않는 것, 말하자면 격이 낮은 건축으로 간주한다.

이러한 일련의 발언으로부터 '건축가가 이끄는 건축가계'와 '그 이외의 계'를 준별하는 경계선의 존재, 게다가 건축가계는 건축가 이외의 인간을 그 내부에 넣으려고 하지 않는 배타적인 역학이 작용하고 있음을 읽을 수 있다. 더욱 중요한 것은 이러한 발언이 상업 건축계와 건축가계의 경계에 분명한 선을 긋는 언어 행위라는 점이다.

건축가와 그 이외를 구별하는 언설이 열을 띠는 배경에는 '건축가를 규정하는 최종 심급'이 존재하지 않는 상황이 있다. 의사나 변호사처럼 자격이나 제도에 의해 계의 경계가 지켜진다면 이러한 언설이 열을 띠는 일은 없을 것이다.

또한 건축가를 흔히 '요설'이라고 부른다. 그러고 보면 다른 예술가에 비하면 건축가가 쓰는 책은 압도적으로 많다. 그 이유는 건축이라는 작품이 땅에 자리 잡고 있어 움직일 수도 없고 작품을 소개하기 위해서는 언어가 필요하기 때문이라는 등의 말을 해왔다. 물론 그것도 일리가 있다.

그러나 개인적으로 건축가가 요설인 이유는 건축가계를 지키기 위해서라고 생각한다. 건축가는 기본적으로 건축가계가 아니면 살아갈 수 없다.

그 이유는 앞서 말한 대로다. 즉 건축가가 오랜 시간에 걸쳐 길러온 디자인 센스, 심미안, 공간 파악력, 그리고 설계력에 이르기까지, 이러한 센스나 스킬은 건축가계 안에서(만) 기능하는 자본이다. 따라서 건축가계가 붕괴되면 건축가가 쌓아온 아비투스나 자본의 일부는 자본이 아니게 될 가능성이 높다.

그러나 건축가계에는 자격이나 제도 같은 '성벽'이 없다. 인테리어 디자이너나 아티스트 등 타계의 주민들은 항상 건축가계의 영토를 침범하고자 호시탐탐 노리고 있다. 그러한 상황으로부터 건축가계를 지키기 위해서는 계의 멤버, 즉 건축가 개개인이 그 장벽 역할을 해야 한다.

여기서 건축가계가 취할 수 있는 행동은 건축가인 자와 그렇지 않은 자의 차이를 목청껏 외치는 것이다. 육성이든 글이든 트윗이든 상관없지만 피아의 차이를 내세움으로써 건축가계의 장벽을 세우는 것이다.

어느 건축가를 건축가로 인정하거나 인정하지 않거나 혹은 어떤 건물을 비평할 만한 '건축'이라고 인정하는 것은 그동안 여러 차례 등장했던 아비투스가 작용한 결과이다. 즉 아비투스는 사물에 대한 관찰 방식(vision)이기도 하다. 한편 그것은 동일한 아비투스를 가지지 않은 자들을 준별(division)하는 계기가 되기도 한다.

다시 말해 건축가에게 아비투스란, 건축가답게 사물을 관찰하는 방식을 규정하거나 건축가와 그 이외의 행위자를 준별하는 일을 동시에 행하도록 만드는 존재이다.

건축가계에 들어가려면

보았듯이 건축가계에는 계의 내부와 외부를 가르는 '성벽'이라는 제도나 자격이 존재하지 않는다. 그러나 언설을 중심으로 하는 보이지 않는 벽에 의해 그 경계는 굳건히 지켜지고 있다. 그것은 건축가 개개인의 아비투스가 작용한 결과이다.

이러한 경계는 그곳을 목표로 하려는 자에게 있어서 자격이나 제도에 의해 구성되는 경계보다 훨씬 더 성가시다. 그 이유는 건축가계에 진입하기 위한 요건이나 자격이 명확하지 않기 때문이다.

그렇다면 과연 건축가계의 멤버가 되기 위해서는 어떻게

해야 할까. 이것은 어느 계에도 공통되지만 계에 참가할 권리를 얻기 위해서는 '입계금'이 필요하다. 여기서 말하는 입계금이란 문자 그대로의 돈을 말하는 게 아니다. 단적으로 말하자면 해당 계가 멤버에게 요구하는 기준이나 규범이다.

여기서 프랑스 요리사를 사례로 생각해 보자. 당신이 책이나 유튜브 동영상을 참조하여 프랑스 요리의 기술과 지식을 배워 가족이나 친구에게 제공한다고 하자. 그리고 이들로부터 "프로 뺨친다!", "가게에서 내놓을 수 있는 수준이다!"라는 칭찬을 받는다.

이렇게 작은 자신감을 쌓은 당신은 "나한테는 요리에 재능이 있을지도 몰라, 요리사를 목표로 해볼까"라고 뜻을 세운다. 그렇지만 초보자가 갑자기 가게를 차린다고 한들 까다로운 입맛을 지닌 손님을 만족시키기란 쉽지 않다. 역시 어딘가의 가게에서 프로가 되기 위한 수행이 필요하다. 그래서 당신은 수행처로, 가이드북에 높게 평가된 롯폰기의 프랑스 음식점을 정했고 그곳에서 일하고 싶다며 가게를 방문한다. 그러나 유감스럽게도 당신은 문전박대를 당하게 될 것이다.

왜 그럴까. 당신은 프랑스 요리계가 요구하는 입계금을 가지고 있지 않기 때문이다. 그렇다면 프랑스 요리계의 입계금이란 무엇일까.

일본에서 활약하는 일류 프랑스 요리의 셰프 중 상당수는 본고장인 프랑스 레스토랑에서 일한 경험이 있다. 더군다나 여러 식당을 돌아다니며 본고장인 프랑스 레스토랑에서 셰프와 수 셰프(부주방장) 등 주요직을 차지했다는 실적을 앞세워 일본에 귀국한 후 레스토랑을 차리는 패턴이 왕도일 것이다.

즉 프랑스 요리계의 입계금이란 본고장 프랑스에서 혹독한 수행 경험을 통해 익힌 프랑스 요리사로서의 아비투스이다. 프랑스에서 겪은 혹독한 수행 경험에서 얻을 수 있는 것은 요리 기술과 지식뿐만이 아니다. 프랑스 요리계에 적합한 성향, 즉 앞으로 아비투스를 몸에 익힐 수 있다는 사실이다. 이에 관해서는 프랑스 요리 셰프인 스가 요스케須賀洋介(1976-)의 아래와 같은 발언이 참고가 될 것이다.

스가 츠지조辻調 프랑스 학교의 엘리트 학생들은 열정이 높다고 알려져 있기 때문에 프랑스 각지의 유명한 가게에서 연수생으로 쉽게 발탁되는 시스템이 완성되어 있습니다. 재학생은 프랑스의 3스타 같은 유명한 가게에서 연수를 받은 뒤 돌아올 거예요. 근성이 있는지 없는지는 둘째 치고 얼추 관점과 대화는 맞네요.[8] (방점필자)

위 인용의 방점 부분 "근성이 있는지 없는지는 둘째 치고 얼추 관점과 대화는 맞네요"라는 발언에 주목하길 바란다. 이 발언에서 스가는 본고장 프랑스에서 혹독한 수행을 견딘 초보 셰프들의 근성을 높이 평가하는 것이 아닌 그들이 프랑스 요리계에 적합한 아비투스를 몸에 지니고 있다는 점을 높게 평가하고 있음을 읽을 수 있다.[9] "계의 역사에서 현재의 구조를 지배하고 있는 자들이 부과하는 기준을 충족하지 못하면 계에 참가할 수 없다"라는 이야기이다.[10]

건축가의 아비투스

그렇다면 건축가의 경우 이러한 성향이나 태도, 즉 어디서 아비투스를 익힐까.

대학이 중요한 장소임에는 틀림없다. 그곳에는 건축가다움을 교육하기 위한 표면적인 커리큘럼이 존재하지는 않지만 '숨겨진 커리큘럼'으로 학생을 건축계 및 건축가계에 적합한 멤버로서 길들이기 위한 여러 가지 장치가 존재한다.

학생은 교원(건축가)을 일상적으로 가까이 접함으로써 그 행동, 읽고 있는 책, 애용하는 필기구나 제도 용구부터 패션에 이르기까지 많은 영향을 받는다.

건축가다운 패션이라면 예전에는 나비넥타이였다. 르 코르뷔지에Le Corbusier(1887-1965)도, 미국 건축계를 대표하는 인물인 필립 존슨Philip Johnson(1906-2005, 1979년 프라츠커상 수상)도 나비넥타이를 애용했다. 넥타이가 제도 작업에 방해된다는 합리적인 이유도 크지만 어쨌든 건축가다운 패션의 아이콘으로 나비넥타이가 기능한 것은 틀림없다.

아비투스, 건축가가 되기 위해 필요한 자본

| 르 코르뷔지에(Wikipedia)

일본에서는 1980년대 즈음부터 스탠드 칼라 셔츠가 건축가들 사이에서 유행했다. 그 시대 건축가의 사진을 보면 확실히 그러한 모습을 하고 있는 사람이 많다. 구마 겐고隈研吾(1954-)도 1980~90년대 동안 당시 건축가들 사이에서 유행하던 스탠드 칼라 셔츠를 입고 있었다고 밝혔다.

물론 건축학과의 학생이나 건축가 예비군들은 이러한 외면적인 것뿐만 아니라 건축가들이 평가하는 건축이 뛰어난 건축이라고 인식하게 된다. 건축가란 말 그대로 건축을 설계하는 직능이다. 이를 바꾸어 말하면, 건축이 아닌 대다수의 건물의 설계에는 관계하지 않는다는 것이다. 이러한 사실에서 건축가는 자신의 존재 가치를 발견한다.

따라서 학생들은 가장 먼저 세상에 있는 건축물을 '건축'과 그렇지 않은 '건물'로 준별할 수 있는 선택안을 요구받는다. 이 점에 대하여 도쿄대학 공학부 건축학과에서 건축을 공부한 마츠무라 슈이치松村秀一(1957-)는 아래와 같이 적는다.

> 건축을 무척 좋아하게 되고 건축을 건축가의 작품으로 감상하고 평가하는 일이 당연해진다. 결국 작품이 아닌 동네의 어느 건물은 눈에 띄지 않는다. (중략) 건축학과 학생들의 대부분은 자신이 사는 마을을 형성하는 건물을 건축으로 보지 않는다. 건축 잡지에 사진이 실리는 작품도 아니고 대학에서 평상시에 듣는 설계 수업과 비교하면 도저히 제대로 설계한 것 같은 건물이 아니기 때문이다.[11] (방점필자)

이 서술을 통해 건축 학도에게는 건축가로서의 심미안이 신체화되었음을 알 수 있다. 즉 건축과 건물을 찬찬히 음미하고 의식적으로 나누는 것이 아니라 자동화되고 신체화된 가치 판단의 기준이 건축 학도 안에 설계되어 있고, 그에 따라 학생들은 무의식적으로 이러한 가치 판단을 수행하는 것이다.

이것이 바로 아비투스가 작용한 결과이다. 이처럼 아비투스란 사물에 대한 관찰 방식(vision)인 동시에 준별(division)하는 기능도 있다. 건축학과의 학생들은 건축가의 아비투스를 몸에 익히면서 건축에 대한 심미안을 함양하지만, 이는 한편으로 건축과 그 외의 건물을 엄격하게 준별하는 것을 의미한다. 즉 건축가란 '건축'을 다루는 직능이지, '건물'을 다루는 직능이 아니라는 사실을 학생일 때 체득해 나가는 것이다.

이것은 일을 할 때도 중요한 요소이다. 건축가로서 수락해도 되는 일과 그렇지 않은 일을 분리할 필요가 있다. 그것이 없으면 건축가계에서 건축가로서의 경력을 확립하는 것이 매우 어려워진다. 자세한 것은 이번 장의 마지막에서 이야기하고자 한다.

베팅금으로서의 작품

지금까지 계界, 자본, 그리고 아비투스에 대해 알아보았다.

예를 들어 당신이 대학의 건축학과를 졸업한 후에 활동하기 시작한 초보 건축가라고 해 보자. 당신은 학력과 자본, 그리고 건축학과에서 익힌 아비투스도 갖추고 있다. 그로써 이미 건축가계에 입계하기 위한 요건은 충족했다고 해도 좋다.

하지만 앞으로 건축가로서 탁월화를 이루고 싶다(다시 말해 유명해지고 싶다, 건축으로 먹고살고 싶다)는 생각이 든다면 '베팅금'을 마련하여 승부의 세계(투기장, 아레나)에 엔트리를 해야 한다.

부르디외가 말하는 베팅금에는 쟁점이나 과제라는 함의가 내포되어 있지만 건축가의 경우 쟁점과 과제는 건축 작품에 담기기 때문에 베팅금이란 단적으로 건축 작품에 해당한다고 말해두고 싶다.

초보 건축가인 당신은 어떤 작품을 준비할까. 대부분의 경우 주택을 작품으로 제출할 것이다. 그렇다면 어떤 주택을 설계해야 할까.

주택이라면 일반적인 분양주택에서 흔히 볼 수 있는 정사각형의 두부와도 비슷한 외관의 주택이 아니라 어딘가 전위적이고 예술적인 요소를 포함한 주택일 필요가 있다. 이러한 주택을 책상 위에서 설계하는 것은 사실 건축가들에게 그리 어려운 일이 아니다. 많은 건축가는 대학이나 전문학교에서 주택을 설계하는 과제를 여러 번 해본 적이 있기 때문이다.

그렇다고 전위적이고 예술성이 높은 주택을 현실에서 짓기란 결코 쉬운 일이 아니다. 바로 건축가는 화가나 조각가와는 달리 기본적으로 '클라이언트 워크'를 하기 때문이다.

직접 건설 자금을 부담하는 자택이 아닌 이상 클라이언트로부터 주문이 없으면 영원히 작품을 만들 수 없다. 또한 주문이 들어와도 자신의 이기심을 앞세울 수도 없다. 자금을 내는 것은 클라이언트이기 때문에 당연히 클라이언트의 의향을 충분히 헤아릴 필요가 있다.

이제 막 발을 내딛기 시작한 건축가에게, 더욱이 첫 번째 작품으로 전위적인 주택을 설계하도록 허락해 주는 클라이언트 따위 존재할 리 없다. 만일 당신이 발주하는 입장의 클라이언트라면 그러한 기회를 초보 건축가에게 줄 것인가.

주택은 일생에 한 번 있는 빅 쇼핑이다. 게다가 주택은 일상생활의 기반이기 때문에 그 퀄리티는 삶의 질을 크게 좌우한다. 그러한 소중한 주택을 짓는 과정에서 모험을 하고 싶지는 않을 것이다. 그래서 건축가들의 첫 번째 클라이언트는 필연적으로 부모나 친척같이 가족인 경우가 많다.

그렇다면 운 좋게 어느 정도 자유로운 설계를 할 수 있게 된 경우에는 어떤 주택을 설계하면 좋을까. 당신이 자산가의 아들로부터 부모님을 위한 대저택 설계를 의뢰받았다고 가정해 보자.

풍족한 예산을 들여 10LDK10개의 방, 리빙(L), 다이닝(D), 키친(K)으로 구성된 주거공간에 욕조가 3개 있는 호화스러운 저택 설계로 이를 실현한다 해도 아마 건축가들로부터 묵살당할 것이다. TV 버라이어티 프로그램에서는 연예인이나 자산가의 대저택을 다루는 일도 있지만, TV 프로그램의 소재가 될 수는 있어도 건축가계의 베팅금은 되지 않는다. 오히려 저비용으로 지어진 주택이 인정받을 가능성이 높다.

안도 다다오의 데뷔작

그렇다면 어떤 주택을 지어야 좋을까. 유명 건축가의 데뷔작을 몇 가지 검토하면서 생각해 보자.

우선 안도 다다오安藤忠雄(1941-),1995년 프리츠커상 수상의 데뷔작

건축하지 않는 건축가

으로 알려진 《스미요시 연립 주택》이다.

이 주택은 전통적인 번화가에 있는 세 채의 연립 주택을 잘라내고 거기에 직육면체 콘크리트 박스를 삽입한 상당히 과감한 시도로 지어진 주택이다.[12] 안도는 스미요시 연립 주택으로 일본건축학회상을 받으며 단번에 유명 건축가의 반열에 오른다.

안도와 스미요시 연립 주택에 대해서는 나중에 자세히 이야기하겠지만 여기서는 스미요시 연립 주택의 개요를 적고자 한다.

스미요시 연립 주택은 안도가 1976년에 발표한 주택이다. 세 채의 연립 주택 중심의 한 채를 철거하고 거기에 철근콘크리트로 된 직육면체의 상자를 삽입하였다. 건축면적은 10평(33.7평방미터)이라는 극소激小 주택의 부류에 속하는 건물이다. 그렇지 않아도 좁은 주택을 삼등분한 후에 가운데 지붕을 걷어내 빛의 정원을 만들었다. 삼등분된 공간 양옆으로 주방과 침실, 욕실과 화장실이 나누어져 거주자들은 강제로 옥외의 정원을 거쳐 오가게 된다.

이처럼 거주자들의 불편을 강요하는 주택이었기 때문에 스미요시 연립 주택은 발표 직후부터 물의를 빚었다. 이에 대해 안도는 다음과 같이 말했다.

| 스미요시 연립 주택(Wikipedia)

중정이 생활 동선을 분리시키는 플랜은 상식적인 감각으로 볼 때 살기 어려울 것이다. 실제로 준공 후 건축 잡지 등에서 다루자마자 내외장 모두 노출 콘크리트의 마감과 무뚝뚝한 파사드의 표현을 포함하여 기능성을 지나치게 경시한 건축가의 오만이라는 비판을 받았다.[13]

안도 스스로가 인정한 것처럼 편리함과 쾌적성을 부정하고 전위성을 높인 결과, 비판을 받았다. 그러나 이는 현대식으로 말하는 '비난'이 아니라 지금까지의 주택이 지녀 온 이상적인 자세에 일석을 던지는 건설적인 논란의 불씨를 제공했다는 점이 특징적이다.

그 결과 비판은 이윽고 그의 평가로 이어지는데 이것은 어째서 비난 혹은 무시에 그치지 않고 비판으로 받아들여진 것일까. 그 이유는 안도가 건축가의 아비투스를 제대로 몸에 지니고 있었기 때문이다.

표현과 아비투스

만담가를 예시로 말했듯이 예술계의 다양한 곳에서 날카로운 표현을 내건 젊은이가 예상외의 선풍적인 인기를 얻는 경우가 있다. 예를 들면 1950년대 말 프랑스 영화계에 혁신을 일으킨 누벨바그(Nouvlle Vague)가 그러하다.

그러나 그들은 닥치는 대로 새로움이나 과격함만을 추구한 게 아니다. 누벨바그를 맡은 감독들, 즉 고다르Jean-Luc Godard(1930-2022)나 트뤼포François Truffaut(1932-1984) 등은 구로사와 아키라黒澤明(1910-1998)나 오즈 야스지로小津安二郎(1903-1963) 등 국제적으로 평가가 높은 감독의 작품에 강한 영향을 받아 그 스타일을 답습한 자들이다. 즉 '정통'으로 만드는 일에 조예가 깊었다.[14]

안도 역시 독특한 경력으로 이단이라고 여겨지기 쉽지만 그 역시 대학 교과서를 읽는 등 철저한 독학으로 기초를 다지고 건축설계 사무소 아르바이트, 건축가와의 교류를 통해 건축가로서의 아비투스를 제대로 익혔다.

그렇기 때문에 안도가 설계한 과격한 주택은 고졸 복서 출신의 젊은 건축가의 '폭주'가 아닌 기존 건축가계를 향한 '이의제기'로 받아들여진다. 건축가계의 주요 인사로부터 많은 비판을 받았지만 치명적인 비난은 없었다. 물론 모든 건축가의 데뷔작이 이렇게 참신한 것은 아니다(이후에 건축가들의 참신한 데뷔작을 몇 편 소개하겠지만).

하지만 강적이 꿈틀거리는 건축가계에서 데뷔작으로 선명한 손톱자국을 남길 수 있는 것보다 더 좋은 것은 없다. 안도는 '베팅금'으로 스미요시 연립 주택을 제출하였고 주목받는 신인, 신진기예의 건축가라는 평가로 그 수익을 '회수'했다는 이야기가 된다.

무엇보다 '쥐어짜 낸 작품'이라고 할지라도 단순히 기괴함을 과시하는 작품의 평가는 박하다. 안도를 포함하여 건축가계에서 오랫동안 활약 중인 건축가의 데뷔작에는, 사물로서의 건축적인 완성도에 더하여 깊이 고민한 컨셉과 일관된 테마가 존재한다. 그것은 예술로서의 건축에 내향된 테마가 아니라 사회나 환경이라는 외부 세계에 널리 개방된 보편적인 강도를 가진 테마인 경우가 많다.

데뷔작부터 이렇게 견고한 표현 방법과 테마를 설정해놓는다면 동일한 건축을 원하는 클라이언트가 나타나기 쉽고 시대를 거치면서 건축가로서의 브랜드 가치로 전화될 가능성이 높다.

과거로 돌아가 아버지에게 하고 싶은 말(마무리를 대신하여)

지금까지 살펴보았던 것처럼 자신이 설계한 건물이 작품이라고 불리며 개인의 이름이 영웅적으로 호칭되는 부류의 건축가가 되기 위해서는 건축가계에 엔트리하여 그 멤버가 되어야 한다. 그렇지 않으면 아무리 멋진 집을 지었어도, 웅장하고 아름다운 다용도 건물을 지었어도, 평가 대상이 되는 작품은 될 수 없다. 이러한 일을 아무리 축적한다고 해도 이 책에서 말하는 건축가가 될 수 없다.

여기서 재차 나의 아버지를 예로 들고 싶다. 엔지니어에 대한 지향이 강했던 아버지는 1급 건축사 자격을 딴 뒤, 정밀하고 정확한 제도 기술을 몸에 익히면 건축가가 될 수 있을 거라고 생각했을지도 모른다. 그러나 그 생각은 틀렸다고 말할 수밖에 없다.

여태껏 말했듯이 건축가가 되기 위해서는 (일본의 경우) 기본적으로 1급 건축사 자격이 필요하지만 1급 건축사 자격을 취득하더라도 그것만으로는 건축가가 될 수 없다. 건축가가 되려면 건축가계에 입계해야 하기 때문이다.

그렇다면 어떻게 해야 건축가계에 엔트리할 수 있을까. 앞서 확인했듯이 우선 자본이 필요하다. 단적으로 대졸 학력이다. 그것도 도쿄대나 교토대 같은 전통적으로 많은 건축가를 배출해 온 대학이 바람직하다. 그것은 건축가계의 (문화)자본으로 기능하기 때문이다.

만약 시간 여행을 해서 중학생 시절 아버지를 만난다면 이렇게 조언할 것이다. "건축가가 되고 싶다면 (아버지가 진학한) 고등전문학교에 가지 말고 일반 과정에 진학한 후 대학에 가라" 혹은 "그냥 고등전문학교에 진학해도 좋으니 대학에 편입하라"라고. 어쨌든 대학에 가라고 조언했을 것이다. 무엇보다 친가는 부유하지 못했기 때문에 충고를 하더라도 결국 대학 진학은 경제적으로 무리였을지도 모른다. 그래도 건축가가 되고 싶다면 학자금을 빌려서라도 진학했어야 했다.

그리고 무사히 대학을 졸업했다면 닛켄설계日建設計나 니혼

건축하지 않는 건축가

설계日本設計 같은 대형 설계회사나 다케나카 공무점竹中工務店이나 오바야시구미大林組 등 건설사 설계부로 이직할 것을 권했을 것이다. 건축가가 주재하는 아틀리에 사무실에 들어가는 길도 있겠지만 부모님의 도움을 기대할 수 없던 아버지에게는 무리이다. 예전이나 지금이나 아틀리에 사무소의 급여는 낮다. 지방에서 도시로 나와 아틀리에 사무소의 급여로 혼자 자취하며 생활하는 것은 현실적으로 어렵다.

아틀리에 사무소가 아니더라도 대형 설계회사나 건설사 설계부에서 일한 경험도 건축가계에서는 자본이 된다. 현재 눈부시게 활약 중인 구마 겐고는 니혼설계와 도다건설東田建設에 근무한 경력을 갖는다. 다케나카 공무점은 키쿠타케 키요노리菊竹清訓(1928-2011), 이즈에 칸出江寬(1931-), 스즈키 료지鈴木了二(1944-), 하야카와 쿠니히코早川邦彦(1941-) 등 쟁쟁한 건축가를 배출하고 있다. 거기서 10년이든 20년이든 일하다가 독립해도 좋을 것이다.

이러한 이유로 되도록 빨리(가능하다면 고등학생 정도까지) 건축가가 되겠다는 장래의 진로를 정했어야만 했다. 그러나 아버지가 건축가라는 직업에 동경을 품기 시작한 것은 구로카와 기쇼黒川紀章(1934-2007)가 매스컴에 화려하게 등장했을 때이다.

지금과는 비교할 수 없을 정도로 정보 격차가 심했던 시절, 지방의 외딴 시골 촌구석에 살았던 소년이 건축가라는 직업의 존재를 알 턱이 없었던 것은 어쩔 수 없는 일이다.

그렇다면 지방 도시에 계속 머무르겠다는 선택지밖에 남아 있지 않을 경우 건축가가 되는 방법은 닫혀 있는 걸까. 솔직히 건축가가 되는 선택지는 상당히 한정되어 있다. 아버지의 경우라면 일단 살던 지역의 설계 사무소에 취직하는 길밖에 방법이 없다.

아비투스를 몸에 익힐 필요성

1급 건축사 응시 자격을 얻거나 실천적인 기술을 익히기 위해서라도 실무 경험을 쌓아야 하므로 어딘가의 설계 사무소에 취직하는 선택지밖에 취할 길이 없다. 결과적으로 아버지는 당시에 아직 드물었던 건축 설계 사무소 중 한 곳에서 근무하기 시작한 뒤 소장의 갑질 삼매경에서 힘든 나날을 보내는 처지가 된다. 이를 악물고 불합리한 갑질을 견디면서 도면을 그리는 방법부터 관공서에 신청하는 방법까지, 건축사로서 필요한 일을 익혔다.

그러나 아버지가 이 수행 시절에 익히지 못한 것이 있다. 그것은 바로 건축가로서의 아비투스이다. 이미 말했듯이 아비투스란 사물에 대한 관찰 방식(vision)이며 구별의 계기(division)이기도 하다.

그것은 건물과 건축을 준별할 뿐만 아니라 건축가로서 수락해도 되는 일과 그렇지 않은 일을 판단하는 관찰 방식이기도 하다. 이 아비투스를 몸에 익히지 않은 채 건축가로서 걸어가려고 한 것이 고된 길의 시작이었다.

　아버지는 1급 건축사 자격을 취득한 뒤 독립하여 건축 설계 사무소를 차렸다. 1970년대 초반에는 오일쇼크의 영향으로 고도 경제 성장 시대가 일단락되었지만 인구도 늘고 건축 수요도 왕성했다. 아직 일본에 활기가 있었던 시절이다. 따라서 건축 의뢰는 많았다. 아버지가 혼자 운영하는 설계 사무소도 개인 주택부터 공장, 오피스 빌딩, 호텔과 골프장 클럽하우스까지 나름대로 일은 있었다. 아버지는 이렇게 간헐적으로 날아드는 일을 착실히 해냈다.

　그러나 건축가의 아비투스가 없는 아버지가 하던 일은 '건축사'로서의 일이었다. 클라이언트가 원하는 건물을 가능한 한 경제적으로 설계하는 것이 목적이다. 그것은 클라이언트에게 기쁜 일이다. 그러나 그런 일을 계속한다고 해서 건축가로서 인지되지는 않는다. 오히려 일을 하면 할수록 건축가로부터 멀어진다고 할 수 있다.

　아버지에게 필요했던 것은 건축가로서의 작풍을 확립하는 일이다.[15] 작풍을 확립하는 일은 작업을 선택하는 것이다. 물론 작풍을 확립하기 전에는 먹고살 수 없다는 리스크가 있다. 그러나 그 위험을 감수하지 않으면 건축가가 될 수 없다. 작풍이 없는 거리의 건축사는 이내 '업자'로 인지된다. 업자로 인지되면 가격 경쟁이 시작된다. 조금이라도 싸게, 빨리 마무리해달라는 의뢰가 많아진다. 설계 사무소는 어느새 도면 가게, 설계 가게가 되어버린다.

　반면에 '건축가'로 인지되면 건축가로서의 일이 들어온다. 그 일은 작품이 되어 건축가계에 입문하기 위한 베팅금이 될 가능성이 있다.

　그러나 아비투스를 지니지 않은 아버지는 건축사로서 열심히 일하셨다. 노골적으로 말하자면 업자로서의 실적을 쌓아 업자로서 세상에 인지된 것이다. 업자로서 건축사의 일을 한다는 것은 수지가 맞지 않는다. 자격을 소유한 사람으로서 법적 책임도 무겁다. 게다가 일의 책임이 무거울 뿐만 아니라 가격 경쟁에까지 휘말리게 된다.

　이러한 일을 개인의 설계 사무소에서 해나간다는 것은 하이 리스크, 로우 리턴이라고 말할 수밖에 없다. 일을 하면 할수록 꿈에 그리던 건축가의 모습에서 멀어진다는 것은 참으로 짓궂은 일이다.

건축가를 양성하는 대학 교육의 숨겨진 장치

대학에는 전문 지식을 위한 교육 외에도 건축가다움, 즉 아비투스를 철저히 주입하는 숨겨진 장치가 존재한다. 이는 과연 무엇이며 왜 필요한 것일까? 대학 건축 교육의 숨겨진 장치를 조명함으로써 학생들이 무의식 속에서 무엇을 주입 당하는 지를 알아보자

대학의 건축 교육은 실용적인가

이번 장에서는 건축가와 대학 교육에 대해 생각해 보고 싶다. 그렇다고 현재 대학의 건축 교육에 맞서 정면으로 논의할 생각은 없다. 내가 여기서 이야기하고 싶은 것은 대학 내 건축 교육의 잠재潛在적 기능에 관한 내용이다.

잠재적 기능이란 미국의 사회학자 R. K. 머튼Robert King Merton(1910-2003)이 주장한 학설이다. 머튼은 잠재적 기능을 설명하기 위해 미국 원주민인 호피족을 예로 든다.

호피족에게는 기우제의 춤을 신에게 봉납하는 전통적인 축제가 있다. 그 축제란 표면적으로는 비를 내리게 하는 것을 목적으로 이루어진다. 이것을 현재顯在적 기능이라고 부른다.

그러나 머튼은 기우제 축제에 호피족 동료와의 친목과 커뮤니티의 결속을 다지는 효과가 있다는 사실을 깨닫게 된다. 이처럼 당사자조차 깨닫지 못하는 기능을 '잠재적 기능'이라고 부른다. 이번 장에서는 대학의 건축 교육이 가지는 잠재적 기능이 무엇인지를 밝히고 싶다.

대학에서의 건축 교육, 그 잠재적 효과

학교 교육의 잠재적 기능에 대해서는 '숨겨진 커리큘럼'이라는 개념으로 연구된 바 있다. 숨겨진 커리큘럼이란 학교 교육에서 특정한 문화적 가치관이 학생들에게 암묵적으로 전달되는 것을 의미한다. 때로는 '잠재적 교육 효과'라고 부르기도 한다.

  내가 대학 내 건축 교육의 잠재적 교육 효과에 흥미를 가진 이유는 다음과 같다.

  첫 번째는 건축 설계의 실무를 수행하기 위한 건축사 자격은 그 습득을 위한 대학 이상 고등 교육 학력이 (일본의 경우) 절대적인 필수 조건이 아니라는 점이다. 건축사 자격 취득은 의사가 6년간 거치는 의학부 학습이나 변호사의 사법 수습과 같은 의무적인 교육 과정이 필요하지 않으며 오로지 실무 경험만으로 응시가 가능하다. 물론 학력은 시험 응시 자격에 필요한 실무 경험의 연수가 단축되는 요건이지만 필수는 아니다.

  두 번째는 건축 설계라는 실무를, 역경을 견뎌내며 기술을 습득한다는 측면에 한정 지을 경우 공업고등학교나 전문학교가 더욱 합리적이고 기능적으로 뛰어나다는 논란이다. "오로지 실무만을 배우는 것이라면 전문학교가 좋다고 생각한다[1]"라는 논의가 있듯이 설계 기술을 집중적으로 익히고 싶다면 공업고등학교나 전문학교가 합리적이고 효율적이라고 인정하는 의견이 많다.

대기업 조직 설계 사무소인 닛켄설계日建設計에서 치프 디자인 오피서를 맡고 있는 야마나시 토모히코山梨知彦(1960-)는 건축계 학부에서 교편을 잡은 경험을 토대로 "학생의 도면 작성 스킬을 보고 한탄스럽게 생각하는 경우가 종종 있다. 대학교 3학년이나 되었으면 도면 작성에 관한 최소한의 리터러시는 미리 터득했으면 좋겠다[2]"라고 말하며 대학에서는 실무에 필요한 최소한의 기술조차 가르치지 않는다고 쓴소리를 하고 있다.

또한 건축가 코야마 히사오香山壽夫(1937-)는 "전문교육으로 배운 것의 결과는 훗날 사회에 나와 실제로 일하는 것에 이어져야 한다. 그러나 유감스럽게도 오늘의 일본에는 이것이 명확하게 보이지 않는다. 오히려 끊어졌다고 해도 좋을지도 모른다[3]"라며 학업의 세계와 실무의 세계와의 단절을 염려하고 있다.

이러한 언설은 대학이 건축 설계 기술의 습득이라는 측면에서 반드시 합리적이고 효율적인 교육 기관은 아니라는 인식이 건축계에 널리 공유되고 있음을 의미한다.

대학 교육의 의미

그렇다면 대학은 누구에게 어떠한 의미가 있을까.

학생들에게는 취업에 유리하다는 이점이 있다. 그리고 보면 일본을 대표하는 설계 회사, 건설사, 유명 건축가의 아틀리에 설계 사무소 등은 기본적으로 대졸자에게만 그 문호를 열고 있다. 즉 건축계는 기본적으로 대졸자를 요구하고 있는 것이다. 그렇다면 위와 같은 기업이나 사무실은 왜 즉각적인 전력이 되는 공업고등학교나 전문학교 학생을 채용하지 않고 실무 능력이 뒤떨어지기 쉬운 대졸 인력을 채용하는 것일까.

이 물음에 대해서는 아래와 같은 가설이 성립된다. 즉 건축계는 학생이 학교에서 익히는 스킬에 대해 별로 기대하지 않는 반면에 기술 이외의 것, 공업고등학교나 전문학교에서는 배우지 못하는 것을 대졸자가 몸에 익히고 있다고 생각하며 그것이 건축계에 어떠한 이익을 가져다줄 거라는 신빙성이 공유되고 있는 게 아니냐는 것이다.

그렇다면 대졸자가 기술 이외에 몸에 익히고 있는 요소란 무엇일까. 그것은 아비투스이다. 학생들은 아비투스를 어떻게 체득할까. 그리고 아비투스는 건축가라는 직능에 어떻게 공헌한다고 여겨질까. 더욱이 각각의 건축가 예비군이 체득하는 아비투스는 건축가계에 어떠한 이익을 가져온다고 생각할 수 있을까. 또한 그것은 어떠한 이익일까.

　이번 장에서는 이러한 물음에 대답함으로써 건축가가 내면화하는 아비투스와 그 내면화를 위한 프로세스의 단면 그리고 건축가와 건축학과가 관계하는 '숨겨진 커리큘럼'에 대해 밝히면서 그것이 건축가라는 직능에 중요한 의미가 있다는 점을 이야기하고자 한다.

교육의 구조

대학 교육에는 숨겨진 커리큘럼이 존재하며 그것이 건축가계에 조금이나마 기여할 것이라는 가설을 검토하기에 앞서, 우선 학생들의 학습 태도에 대하여 알아보고 싶다.

　가장 먼저 확인하고 싶은 것은 학문 분야에 대한 건축학의 위치이다. 일본의 경우 건축학은 자연과학계 분야에 속한다. 구조역학, 재료공학 그리고 환경공학 등의 수업은 지극히 합리적이며 큰 어려움 없이 명쾌한 수업이 성립한다고 볼 수 있다.

　그러나 건축이란 어느 부분에서 예술이나 디자인 그리고 문화적인 측면을 가진다. 즉 객관성과 합리성을 기반으로 하는 지식 체계에 의해 뒷받침되면서 다른 한편으로는 비합리적이고 표준화될 수 없는 것으로 구성되는 지식에 의해 뒷받침된다. 후자와 같이 대학에서의 건축 설계 교육이란 때때로 표준화되지 않은 기술에 의해서만 달성할 수 있는 과제를 학생에게 요구한다.

예를 들어 건축계의 학과에서 교편을 잡았던 어느 건축가는 자신이 지도받았던 경험을 회상하면서 아래와 같이 술회한다. "나와 친구들이 만든 작품에 대한 평가는 단순 명쾌하다. 바로 새로움과 아름다움을 가질 수 있는가라는 점이다. 낯익은 것이 아니라 새로운 건축적, 도시적 이미지를 불러일으키는 요소가 작품 속에 있는지, 특히 공간의 퀄리티를 최대의 관심사로 삼았다.[4]"

과연 여기서 언급된 '새로움', '아름다움', '공간의 퀄리티' 같은 것은 어떻게 해야 구체적으로 표현할 수 있을까. 그것을 교원이 '대충 생각해 낸 평가 항목'이 아니라고 학생들에게 보여주는 일은 결코 쉽지 않다.

그렇기 때문에 건물을 평가할 때 사용하는 '아름다움', '질감'이라는 어휘가 자의적인 강요로 간주되지 않는 교육 구조나 절차가 필요하다.

그중 가장 첫 번째는 학생의 학습 태도를 함양시키는 일이다. 교원에 의해서 이루어지는 강요에 대해서 "잠재된 메시지에 민감하거나 긍정적으로 반응하는 자세가 수신자에게 미리 만들어져 있다면, 강요는 '강요'로서 의식되지 않고 부드럽게 받아들여진다. 이러한 자세는 종종 아비투스적인 것으로 형성되어 커뮤니케이션의 효과를 미리 보증하게 된다[5]"라고 말한다.

사회학자 미야지마 타카시宮島喬(1940-)는 "언어 행동이든, 지각이든, 추론이든 혹은 신체 기법이든 어느 사회 안에서 정당성을 가지고 보편적인 범위로 받아들여지는 형태가 존재할 때 이것에 긍정적으로 반응하는 경향, 감성, 태도 등 구성원 측에 형성되는 것[6]"을 '지배적 아비투스'로 정의한다. 더욱 구체적으로는 교원이 던지는 질문의 의미를 교원의 의도에 맞게 수용하거나 교원이 원하는 방식으로 대답하는 도리를 익힌 학생의 태도를 말한다. 다음 장에서는 지배적 아비투스가 학생들에게 내면화되는 과정을 검토해 보고자 한다.

나의 경험으로부터

대학교 1, 2학년 때에는 기초 교육이라고 칭한 여러 교육이 이루어진다. 그것들은 표면적으로 건축 설계에 필요한 리터러시, 즉 다양한 감각이나 지각을 익히기 위한 기초 트레이닝 기간이다. 동시에 그 시기는 '지배적 아비투스'를 집중적으로 체득하는 '숨겨진 커리큘럼'이 이행되는 기간이기도 하다.

아래는 내가 직접 경험한 건축 설계 교육을 참조하면서 검토한다.

나는 1999년 4월부터 2004년 3월까지 모 예술계 대학의 통신교육 과정 건축학과에 재적하였다. 강의 방식은 텍스트 과목과 동학 과목(스쿨링 과목)으로 나뉜다. 텍스트 과목은 지정된 교과서를 읽고 이를 바탕으로 리포트를 제출하면 점수를 획득하고 학점이 인정된다.

반면 스쿨링 과목에는 CAD를 이용한 설계의 기초적인 과제 등이 있다. CAD란 〈Computer Aided Design〉의 줄임말로 컴퓨터를 사용한 설계 시스템을 말한다. 현재 대부분의 건축 설계 사무소에 도입되어 있지만 내가 배우던 당시에는 아직 손으로 그리는 도면도 많이 있었다.

첫해는 CAD를 사용하여 화면 안에서 입체를 구성한 후 색을 입히거나 무늬를 더하는 과제를 받았다. 이 과제들은 플로피 디스크로 제출해야 했지만 어째서인지 잘 저장되지 않는 경우가 여러 번 있어서 힘들었던 기억이 난다.

이와 별개로 초급 클래스에서는 정사각형의 도형을 직선이나 곡선으로 분할하여 색을 덧칠하는 과제를 완수했다. 단순한 작업이지만 가능성으로는 무수히 많이 그을 수 있는 직선 중에서 임의의 한 줄을 선택하는 특질을 반복적으로 배웠다.

어느 곳에 선을 그어야 가장 아름다워 보일까. 추상회화에서 갈고닦는 구도를 배워가는 수업이다. 아름다움은 주관적인 요소가 강하지만 건축이나 디자인에서는 어느 정도 정답이 있다고 여겨진다. 그렇다고 완전한 좌우 대칭(symmetry)이 답은 아니다.

완전한 좌우 대칭을 추구한다면 굳이 이런 과제는 나오지 않았을 것이다. 좌우 대칭을 무너뜨리면서 무너지지 않는 디자인이 필요하다.

그다음 날은 3D모델링 수업이었다.[7] CAD의 뛰어난 점은 화면 속에서 입체 이미지를 확인할 수 있다는 것이다. 그러나 아직 도면을 그릴 수 있는 수준은 아니어서 직육면체나 입방체 혹은 구체 등 추상적인 형태를 만드는 것부터 시작하였다.

이 과제가 부과된 스쿨링은 12월이었다. 교원은 크리스마스와 관련된 3D작품을 만들라고 지시하였다. 동시에 그 작품이 크리스마스와 어떤 관련이 있는지 제대로 설명할 수 있도록 만들라는 조건이 주어졌다.

조명이 꺼진 방에서 학생들의 작품을 프로젝터로 투영하면서 강평회가 시작되었다. 강평하는 교원은 관서 지방에서 이름이 알려진 젊은 건축가였다. 교원은 크리스마스라는 이유로 크리스마스 트리를 제작한 여학생에게 질문하였다. 아래는 교원과 학생과의 대화이다.

학생 오늘은 크리스마스라서 트리를 모티브로 형태를 만들었어요.

교원 크리스마스라서 트리라고요? 그건 굉장히 일차원적인 것 같아요. 뭐 그건 그렇고 어째서 트리를 만들려고 했는지를 들려주세요.

학생 교토역에 장식되어 있던 크리스마스 트리가 아름다워서 그것을 형태로 만들었습니다.

교원 당신이 봤을 때 아름다운 것을 작품으로 만들어도 되나요?

학생 제가 아름답다고 생각한 모티브로 작품을 만드는 게 뭐가 잘못됐나요?

교원 아니, 아니, 당신은 클라이언트에게 의뢰받은 거예요. 본인이 아름답다고 생각했다고 해서 마음대로 디자인을 결정하나요? 클라이언트는 당신에게 큰 금액을 맡기고 있어요.[8]

이후에도 서로의 주장을 피력하는 말들이 오갔고 결국 여학생이 울음을 터뜨려 자리가 어수선해졌다.

교원이 그 자리를 어떻게 수습했는지는 딱히 기억나지 않지만 뒷맛이 나쁜 수업이 되고야 말았다. 교원의 주장은 순수한 예술이 아닌 건축가가 되기 위한 훈련을 하고 있다면 작품을 만드는 동기를 제대로 말해야 한다는 것이었다. 선택한 형태의 좋고 나쁨도 중요하지만 무엇보다 디자인의 동기를 제대로 말하는 것이 요구된다.

 그래서 금과옥조처럼 듣는 이야기는 건축가란 클라이언트가 있어야만 이루어지는 일이라는 점이다. 그렇기 때문에 클라이언트에게 제대로 설명할 수 있도록 항상 생각하면서 건축을 만들어 가는 자세가 모든 수업에서 단련된다. 아무리 작은 과제라고 할지라도 자의적인 형태를 만드는 일은 용서되지 않기 때문에 하나의 선을 긋더라도 철저히 생각하라고 말한다.

심미안을 기르다

그 밖에도 1학년 때는 지급받은 스케치북에 백 장의 스케치를 그리는 과제도 주어졌다. 연필을 사용하는 소묘가 아닌 수채화나 펜을 사용하는 채색도 요구되었기 때문에 한 장의 스케치를 완성하는 데 한 시간이 소요되었다.

 또한 그림이 될 만한 풍경이나 건축물을 찾아 이동하기 때문에 꼬박 하루를 보내도 몇 장의 스케치를 완성하는 것이 고작이었다. 반년 뒤 백 장의 스케치를 완성하여 무사히 학점을 취득할 수 있었지만 과제가 끝난 뒤에도 스케치북을 항상 휴대하면서 관심 있는 경치와 건축물을 스케치할 것을 강력히 조언받았다.

 당시 스케치의 규범으로 제시된 것은 르 코르뷔지에Le

Corbusier(1887~1965)의 스케치였다. 코르뷔지에는 안도 다다오安藤忠雄(1941-), 1995년 프리츠커상 수상 등 많은 일본인 건축가가 영향을 받은 모더니즘 건축의 거장이다. 코르뷔지에는 1907년부터 여러 차례에 걸친 그랜드 투어를 실시하였으며 이때 그린 스케치와 메모는 출판사가 발행하고 있다. 교원은 그것을 학생들에게 보여주면서 여행과 스케치의 중요성을 거듭 설명하였다.

2학년 때는 석고 모델이나 인체의 데생 수업, 전통적인 교토나 나라奈良의 거리와 신사 불각을 중심으로 저명한 건축물의 견문, 나아가 유명 건축가가 작업한 건축 작품을 견학하는 필드 워크 등의 과목 이수가 의무화되었다. 필드워크에는 건축가인 전임교원과 게스트 건축가가 함께 수행하였다. 이들은 학생들을 인솔하고 걸으면서 원하는 건물에 도착하면 그 건축학적 양식과 가치에 대해 해설하는 역할을 맡았다.

거기서 펼쳐지는 해설은 건물의 구조나 재료 등 공학적 어휘에 의한 해설과 지붕 선의 '아름다움'이나 '공간의 질감'과 같은 감각적이고 추상적인 어휘를 통한 해설이 양쪽을 오가며 이루어진다. 전통적인 신사 불각의 아름다움은 비교적 쉽게 터득할 수 있지만 심플한 상자 형태의 모더니즘 건축은 그 아름다움을 알기 위한 모종의 리터러시 함양이 필수적이다.

그러기 위해서는 우선 건축사적 배경을 배워야 한다. 그래야만 그 건축이 갖는 의장의 역사적 위상을 이해할 수 있다.

그러나 그것만으로는 필드워크의 현장을 인솔하는 교원이나 건축가가 사용하는 '아름다움', '질감', '분위기'라는 어휘 수준에 걸맞은 건축물의 이해에는 도달하지 못한다. 왜냐하면 학생들에게는 아직 심미안이 갖추어져 있지 않기 때문이다.

어느 건축이 지니는 아름다움이나 질감을 깨닫기 위해서는 심미안이 필요하고 그것을 함양하기 위해서는 '눈을 기르는 것'이 중요하다는 가르침을 받았다. 이를 위해서는 좋다고 일컬어지는 건축물을 반복적으로 찾아가 체감하는 방법밖에 없다고 말한다. 그것은 하루아침에 획득할 수 없고 스스로가 자기 발을 이용하여 방문한 뒤 건물의 데생을 남긴 스케치북을 쌓아갈 수밖에 없음을 말해준다.[9]

그러한 심미안을 기르기 위하여 처음 1, 2년은 오로지 거리에 나가 스케치를 하거나 교토나 나라의 신사 불각을 둘러보는 나날들이 계속되었다.

2학년 때부터 이에 더불어 도면을 작성하는 과제가 주어진다. 나에게는 안도 다다오의 《스미요시 연립 주택》(1976)의 도면과 요시무라 준조吉村順三(1908-1997)의 《가루이자와의 산장軽井沢の山荘》(1962)의 도면을 트레이스 하는 과제가 주어졌다.

전자는 CAD를 사용하여 따라 그리는 과제이지만, 후자는 종이와 연필을 사용하여 손으로 그려야 했다. 가루이자와의 산장은 1층 부분이 철근 콘크리트 구조, 2층은 목조라는 다소 복잡한 구조이며 게다가 2층 부분은 미닫이문을 활짝 열어 경지를 즐길 수 있도록 설계되었다.

도면은 미닫이문 부분의 디테일을 중심으로 복잡했으며, 트레이스 용도로 배포된 교재는 요시무라가 손으로 그린 도면을 게재한 서적이며, 게다가 치수는 척관법1척=303mm으로 표기되었기 때문에 트레이스에는 상당한 시간이 소요되었다. 이처럼 입학 후 1, 2년은 오로지 손을 움직이고 남들을 흉내 내면서 터득한 도면(과 비슷한 것)을 그리는 나날이 계속되었다.

별장을 설계하다

학년 후반이 되면 자유롭게 과제를 설정하고 그것을 완성하는 것을 목표로 수업이 진행된다. 3학년부터는 본격적인 설계 과제가 시작된다. 과제는 주택을 시작으로 후반에는 미술관이나 학교 등 규모가 큰 시설에 이르게 된다.

첫 과제는 주말 주택이었다. 부지는 산간 지역의 별장지로 그곳에 주말 주택, 즉 별장을 계획하는 것이었다.[10] 현県이 운영하는 단지 아파트의 3DK3개의 방과 다이닝(D), 키친(K)으로 구성된 집에서 자란 내가 별장을 설계할 수 있을지부터 의문이었다. 어쨌든 별장에 대한 리얼리티가 너무나도 없었다.

별장에 대한 구체적인 이미지를 연결 짓지 못한 채 내가 살고 싶은 집을 설계하면 된다고 딱 잘라 설계하기로 했다. 그러나 그때까지 별장은 커녕 주택을 설계한 적도 없었다.

애초에 주택의 기본적인 치수가 머릿속에 없었다. 일반적인 복도의 폭은 어느 정도이며, 현관 면적은 어느 정도의 넓이인지, 기본적인 치수부터 테이블이나 의자의 적절한 높이 등 가구의 치수조차 머릿속에 없었다.

무엇보다 태어나고 자란 현県이 운영하는 주택의 3DK의 방 배치밖에 모르는 내가 주말 주택의 적절한 기준을 도무지 알 턱이 없었다. 주변 수강생들의 방 배치를 어깨너머로 간신히 가늠하여 간단한 도면을 그려냈다. 이를 토대로 폼 보드[11]를 사용하여 1/100의 모형을 제작하였다. 작업 시간으로 이틀 그리고 반나절이 주어졌다.

셋째 날 오후부터 강평회 시간이다. 최종 제출물은 도면과 모형인데 특히 모형이 중요하다. 과제 설계의 초기 단계부터 스터디 모형이라고 불리는 간단한 모형을 만드는 것이 요구된다. 스터디(데생이나 모형을 사용한 시행착오)를 반복한 횟수, 만들어진 모형의 제작 수준과 그 정확도, 나아가 모형의 크기 등도 평가 대상이며 자신이 얼마나 많은 시간을 그 작품 제작에 쏟았는지에 대해 대략적인 평가가 이루어진다.

컨셉이 좋고 깔끔하게 만든 작품보다 대충이어도 시간과 노력을 들인 작품이 더 높은 평가를 받는 경향이 있었다. 그래서 과제 제출 마감 전날은 많은 사람들이 밤을 새워 작품을 마무리하였다.

이렇게 모형에 노력을 쏟는 경향은 모형을 거대화시킨다.

학생 중에는 다다미 1장의 크기(1.6평방미터)의 모형을 만들거나, 재료도 일반적인 모형 재료인 폼 보드뿐만 아니라 목재나 철판 그리고 흙 등을 사용하여 모형을 만드는 사람도 있었다.

그 결과 건축 설계를 배우는 학생들은 훌륭한 솜씨로 제대로 건축을 설계하는 것보다 손을 움직여 시행착오를 반복하고 역동적인 모형을 만드는 일이 높은 평가를 받을 수 있는 방법이라고 이해하게 된다. 교원에게 평가를 받는다는 것은 '표준화되지 않은 기술'을 습득했다는 유일한 '증거'가 되기 때문에 주어진 과제에 항상 전력을 쏟는다.

목재나 철판을 흥청망청 사용하여 모형을 만든 학생도 있었다. 그들은 도대체 얼마나 많은 돈을 모형에 쏟아부은 건지 궁금하기도 했다. 아무튼 이러한 프로세스를 통해서 교원을 향한 경의나 건축을 향한 헌신적인 태도를 내면화해 나가는 것이다.

일본을 대표하는 건축가 중 한 명인 이토 도요伊東豊雄(1941-), 2013년 프리츠커상 수상가 "애당초 디자인 테크닉 따윈 있을 리가 없으니 그들을 지탱하는 것은 한결같은 열정과 젊음에서 비롯되는 폭발적인 에너지밖에 없을 것이다[12]"라고 말했듯이, 건축 학생에게는 눈앞의 과제에 투입하는 한결같은 열정이라는 에너지가 무엇보다 중요하다. 몰입하는 자세야말로 '지배적 아비투스'의 체득을 촉진시키는 것이다.

도제적 가르침에서 강평회로

위와 같은 방식으로 체득되는 지배적 아비투스는 본인이 완성한 작품이 평가 대상이 되는 대학 후반기 과정부터 점차 중요한 의미를 갖기 시작한다.

왜냐하면 대학 교육 후반기의 학년은 작품의 제작과 프레젠테이션이 중심이며 거기에는 전반기 이상으로 '표준화되지 않는 기술'에 기초하여 작품의 평가가 이루어지기 때문에 그 평가를 자의적이라고 학생들이 받아들이게 될 경우 지도가 성립하지 않기 때문이다.

바로 여기서 대학 교육 전반기의 학생에게 지배적 아비투스가 체득되었음을 전제로, 동시에 교원의 지도가 더욱 효과적으로 작용하도록 돕는 지도 스타일이 이루어진다. 그중 하나가 강평회라는 시스템이다.

와세다대학에서 오랜 시간 교편을 잡은 건축가 이시야마 오사무石山修武(1944-)는 "많은 학생에게 설계를 가르치고 싶다는 생각이 들 때 가장 큰 기회는 강평이다. 학생들의 작품이 만들어지는 과정 혹은 결과를 모두의 앞에서 발표시키고 이에 대하여 비평하는 일을 공개적으로 실시한다. 이것이 현재로서 취할 수 있는 최선의 방법이라고 생각한다[13]"라고 말하며 건축 교육에 있어서 강평회의 유용성을 평가한다. 건축뿐만 아니라 예술계 과목 전반의 지도에서도 널리 보급되고 있는 지도 방법이 바로 강평회라는 스타일이다.

그러나 강평회라는 지도 스타일은 건축 교육에 있어서 오래전부터 이루어져 온 것이 아니다. 코야마 히사오는 1950년대 후반, 자신이 학창 시절에 받았던 지도에 대하여 "내가 학생이었을 때 이렇다 할 강평회는 없었다. 작품은 제도실 벽에 전시되어 교수님이 그 앞을 한 바퀴 도는 게 고작이었다. 한 마디의 코멘트를 받으면 대단한 것이었다. (중략) 기시다 히데토岸田日出刀(1899-1966) 교수의 경우에는 연구실에 주뼛주뼛 가져갔지만 그대로 되돌아오는 게 전부였다[14]"라고 술회한다.

또한 1980년대에 지도를 받았다는 한 건축가는 "밤샘을 거듭하고 고생하여 그린 도면을 교수에게 가져가자 교수는 말없이 대충 도면을 본 뒤 빨간 펜으로 도면 가득 X표를 그렸다. 지도는 그뿐이었다[15]"라고 말했다.

앞서 언급한 사례와 직접 들은 내용을 보더라도 교수가 가진 교육적 권력은 절대적이다. 교수는 그 힘을 배경으로 상의하달의 일방통행으로 학생에게 지식과 기술(때로는 무리한 난제)을 주입할 수 있었다. 한편 학생들도 그 지도를 감사히 받아들이는 태도로서 지배적 아비투스가 체득되었다.

그러나 1990년대 이후에는 여러 이유로 대학 교원의 권위가 상대적으로 저하되었다. [16] 이에 따라 문화적 자의를 '교원-학생'의 양자 관계만으로는 충분히 전달할 수 없게 되었다.

그래서 교원에 의한 지도가 학생에게 '자의적인 강요'로 받아들여지지 않도록 하는 일이 중요해졌다. 그러기 위해 교원이 가르치는 '문화적 자의'의 '자의성'을 은폐하기 위한 전달 장치가 필요했다.

그 장치란 '상징적 폭력'을 작용하고 매개하는 것이다. 상징적 폭력이란 힘에 의한 지배 관계를 배후에 두면서 이를 감추는 동시에, 어느 메시지의 의미를 사람들이 수용할 수 있도록 강요하는 행위이다. 다만 이러한 힘의 관계는 노골적으로 드러나지 않으며 학생의 눈에서 가려지면 가려질수록 고유한 의미에서 상징적 효력은 증가하고 수용 효과는 커진다.

게다가 습득되는 문화적 의미에는 정확히 객관적으로 제시할 수 있는 근거가 적지만 그것을 진리라고 받아들이도록 강요하는 일에 이 같은 추상적 폭력이 작용한다.[17] 거기서 등장하는 것이 강평회라는 교육 장치이다.

그렇다면 구체적인 사례를 참조하면서 어떠한 지도가 강평회에서 이루어지고 있는지를 검토해본다.

강평회라는 교육 장치

아래 사례는 내가 재적한 어느 미술계 대학의 졸업 제작 발표회에서 심사를 담당한 교원이 한 학생의 발표에 대해 코멘트를 한 내용이다.

모든 학생에게는 30분의 시간이 주어진다. 모형과 패널, 슬

| 강평회(필자 촬영)

라이드를 이용하여 자신이 만든 작품의 개요를 간결하게 설명한다. 이후에 게스트 심사위원을 포함하여 5명의 교원이 작품에 대해 차례대로 비평을 한다. 그리고 학생은 교원의 코멘트에 대답해야 한다.

비평하는 교원은 모두 직접 건축 설계 사무소를 운영하는 현역 건축가이다. 먼저 게스트 심사위원으로 초청받은 50대 후반의 여성 건축가가 말문을 뗐다.

도면이란 커뮤니케이션의 수단입니다. 도면이란 또 다른 언어, 즉 말이 아니라 평면도, 단면도, 투시도, 배치도를 사용한 커뮤니케이션이라고 저는 생각하며 그런 점에서 의미가 너무나도 잘 전달되었습니다. 도면은 말할 필요도 없어요. 훌륭해요.

여성 건축가의 발언에 이어서 30대의 젊은 교원이 아래와 같이 비평을 계속한다.

매년 도면이 완성되지 않는군요. 모형도 마찬가지예요. (중략) 그리고 도면이 전체적으로 기호로 되어 있습니다. 방인데 기호가 되어버린, 가구인데 기호가 되어버린 점이 신경 쓰입니다.

이상 두 교원의 비평은 주로 학생이 작성한 도면을 향한다. 주목할 점은 학생이 작성한 도면에 대해서 두 교원의 견해가 전혀 다르다는 사실이다.

그 이유를 검토하기 위해서는 설계라는 직무에서 도면이 어느 위치를 차지하는지 더욱 깊게 생각해 볼 필요가 있다. 도면이란 건물을 만드는 데 필요한 정보가 담긴 중요한 서류이다. 따라서 해당 건물의 시공에 종사하는 기술자 모두가 그것을 오해하지 않고 정확하게 읽을 수 있어야 한다. 그러므로 일본공업규격(JIS)에 준거하여 정확하게, 그리고 객관적이고 표준화된 절차에 따라 작성해야 한다.

설계자가 작성한 도면을 읽고 목수를 비롯한 여러 장인이 분업 체제로 각자의 일을 수행한다. 그 일이 축적된 결과로 한 채의 주택이 들어서는 것이다. 따라서 도면은 무엇보다 정확성과 객관성이 요구된다. 거기에 '표현'이나 '개성'을 발휘할 여지는 없다.

여성 건축가는 그런 의미에서 학생들의 도면을 조건이 충족되었다고 평가한다. 그러나 젊은 교원은 학생들의 도면을 기호적이라고 비판한다. 객관적인 스킬로 환원할 수 없는 기호 이상의 가치를 가진 도면을 작성할 것을 학생에게 요구하고 있다. 그러나 그 자리에서 기호 이상의 가치를 가지는 도면을 작성할 수 있는 객관적인 노하우는 제시되지 않았다.

도면으로서 최소한의 규격을 충족시킨 다음, 더불어 자기 자신을 드러낼 수 있는 핵심을 덧붙일 것이 요구되는데 그것이 구체적으로 무엇인지, 그 강평회의 장소에서는 아무것도 명시되지 않았다.

강평회라는 자리가 갖는 의미

교원의 이러한 모순된 평가에 대한 학생의 반론은 없었다. 그 이유로는 4년간의 대학 교육을 통하여 학생들은 지배적 아비투스를 형성하고 있으며, 그것이 시사하는 바는 교원으로부터 생성된 문화적 자의를 주체적으로 수용하려는 자세가 학생에게 형성된 결과라고 말할 수 있다.

강평회라는 교육 장치는 학생이 지니는 지배적 아비투스에 대한 감수성을 높이는 동시에 교원의 권위를 높임으로써, 문화적 자의를 담은 메시지를 쉽게 수용할 수 있는 장場을 공간적으로 구성한다.

그렇다면 여기서 다시 한번 강평회라는 장소가 어떻게 구성되는지를 살펴보자. 내가 관찰한 강평회가 열린 장소는 정원이 100명 정도 되는 교실이다. 정면에는 거대한 스크린이 설치되어 학생들은 거기에 프레젠테이션 자료를 투영하면서 자신의 작품을 설명한다. 스크린 앞에는 모형이 놓여 있다. 이들이 응시하는 정면에는 심사위원석이 마련되어 있다.

강평회의 특징 중 하나는 외부에서 게스트 심사위원을 초빙한다는 점이다. 그 게스트는 건축계에서 영향력이 있는 건축가나 기세가 넘치는 젊은 건축가로 선별된다. 게스트 심사위원인 건축가가 중앙 부근에 착석하고 그 좌우에는 교원이, 그 옆에는 조교나 시간 강사 등이 착석한다.

내가 경험한 2000년대 초반의 강평회에서는 게스트 강사로 초빙된 건축가가 5명 정도 있었고 심사위원으로 십여 명의 교원과 건축가가 나란히 앉아 있었다. 그들의 주시를 받으며 발표하는 것은 긴장을 동반한다. 발표자 한 명당 여러 교원과 게스트 심사위원의 코멘트가 주어지는데 당시에는 신랄한 코멘트도 적지 않았다.

가르침의 실패

여태까지 살펴본 것처럼 강평회란 '문화적 자의'를 전달하는 자리이다. 또한 여기서 말하는 '상징적 폭력'이란 힘에 의한 지배 관계를 배후에 두면서 이를 감추는 동시에, 어느 메시지의 의미를 사람들이 수용할 수 있도록 강요하는 행위이다. 힘에 의한 지배가 은폐될수록 상징적 효과는 증가하고 수용 효과는 커진다.

  그러나 반드시 성공한다고 장담할 수는 없다. 다음에는 그것이 파탄된 사례를 소개하고자 한다.

  예를 들어 설계 사무소를 운영하면서 현재는 여러 대학에서 시간강사로 근무하는 건축가 A는 본인이 직접 경험했거나 여러 대학(모두 공학부 건축학과)에서 받은 지도에 대하여 아래와 같이 말한다.

    강평회에서 교원은 자신의 사고방식을 강요합니다. 호불호로 판단합니다. "이거 멋있다"라는 식으로. 그렇게 되면 교수의 취향을 알 수 있어요. 작품을 보면 말이죠. 어떠한 느낌을 좋아할지 어느 정도 작품을 보면 알 수 있고 거기에 비슷한 모형만 멋있게 만들면 굉장한 칭찬을 받아요. 하지만 그렇게 되면 내가 왜 이걸 하는 걸까라는 생각이 들어요. 강평회에서 듣는 것은 "멋있다"라거나 "이 공간은 좋다"라는 것뿐, 이러한 말을 들어도 뭐가 좋은지 모르겠어요. 결국 도대체 무엇을 흡수해야 할지 모른 채 졸업했어요.[18]

또한 다음 이야기는 이미 미술계 대학을 몇 년 전에 졸업하여 지금은 설계 사무소에서 일하고 있는 건축가인 남성B를 취재한 내용이다. 그는 당시를 회상하면서 아래와 같이 말했다.

어느 교원이 "이 부분을 잘 해결한 후에 다음 수업에서 발표해라"라고 하여 수정해서 가져갔는데 다른 담당 교원은 "그런 데에 연연하지 말라"라고 해요. 이러한 일의 반복이었어요. 좋은 평가를 받고 싶다면 도박까진 아니더라도 과감하게 하는 것이 좋아요. 그것이 교수의 취향이라면 좋은 평가를 받습니다. 교수가 좋아하는 작품이 상을 받거든요. 저 교수는 분명 이런 걸 좋아할 거야라고 생각하면 상을 받아요.[19]

위 두 가지는 문화적 자의의 '자의성'이 폭로된 사례이다. 이처럼 기초 교육을 시작으로 강평회로 이어지는 교육의 구조는 지배적 아비투스가 체득되지 않으면 제대로 기능하지 못하는 경우가 있는 것도 사실이다. 이러한 이야기에서 볼 수 있듯이 '공간의 퀄리티', '아름다움', '새로움' 등을 건축으로 나타내는 기술은 '표준화되지 않는 기술'이기 때문에 구체적인 방법은 제시되지 않는다.

그러나 수업이나 강평회에서, 표준화되지 않는 기술을 몸에 익히고 있는(라고 간주되는) 교원에 의하여 마치 명확한 평가기준이 있는 것처럼 작품의 좋고 나쁨이 평가된다. 즉 교원(=건축가)은 그 자체가 과제의 좋고 나쁨을 판정하는 절대적인 규범이며 표준화되지 않는 기술을 체현하는 자인 것이다.

내가 어느 대학 건축학과의 오픈 캠퍼스를 견학 갔을 때 학과에 대해서 설명해 준 교원은 "모든 학생이 흔히 말하는 건축가가 되는 것은 아니지만 건축에 관한 폭넓은 지식과 기능을 겸비한 존재라는 건축가의 이상적인 모습을 항상 생각하고 있습니다"라고 말했다. 여기서 말한 모든 학생이 건축가가 되는 것은 아니지만 건축가를 이상으로 하는 교육은 많은 대학에서 이루어지고 있다.

그렇다면 왜 건축가를 이상적인 모습이라고 여기는 걸까. 이에 관하여 건축가 나이토 히로시內藤廣(1950-)는 다음과 같이 말한다. "건축계를 움직이는 힘은 스타 아키텍트의 존재입니다. 학생이나 젊은 건축가는 스타 아키텍트를 목표로 기량을 연마합니다. 이것이 건축가들에게 큰 힘이 됩니다. 스타 아키텍트는 화제를 제공하여 건축 디자인의 흐름을 만들어 갑니다[20]"라고.

즉 건축가계의 영속과 발전을 위해서는 탁월한 건축가의

출현이 절대적으로 필요하며 이를 위해서 대학 교육은 미래의 스타 아키텍트를 배출하기 위한 장치, 즉 스타 시스템으로서의 역할을 담당하는 것이다.

건축가다움이란

앞서 살펴본 바와 같이 대학을 졸업한 사람의 상당수는 대학 교육 안에서 지배적 아비투스를 형성한 뒤, 건축가를 이상적이라고 추앙하면서 건축 설계라는 세계에 빠져든다. 그리고 교원이 주입하는 '문화적 자의'를 정통적인 것으로서 받아들인다. 그 내실은 설계 전문가로서의 지식과 기술을 효율적이고 합리적으로 가르치는 것이 아니다.

그렇다면 미국의 사회학자 랜들 콜린스Randall Collins(1941-)도 말했듯이 "학습에 매우 비효율적인 장소[21]"임에 분명한 대학 교육이라는 장소가 지니는 의미, 즉 대학이 전문 기술을 습득하기 위한 장소가 아닌 반대로 건축가다움을 함양하기 위한 장소로서 지니는 의미의 진상은 무엇일까.

대학에서 무엇을 배웠는가

여기서 다시 한번 대학에서 배운 것을 생각해 보고 싶다. 물론 최소한의 설계 기술과 도면, 모형을 만드는 방법, 건축적인 전문 지식을 배웠다. 이에 더불어 학생들은 대학의 교원으로부터의 문화적 자의를 수용하도록 돕는 '지배적 아비투스'도 배웠다.

여기서 훈련받은 '문화적 자의'의 배경에는 건축 문화가 있다. 즉 교원의 문화적 자의를 수용하는 태도는, 결국 건축 문화의 생산과 수용에 공헌하는 태도에 연결된다는 것이다.

콜린스는 "문화적 선발 수단으로 교육이 이용되어 왔다[22]"라며 교육의 '잠재적 기능'을 언급한다. 전문직의 취업에 있어서 고용주 문화와 교육 문화의 적합성이야말로 가장 중요하며 이를 거르기 위한 수단으로서 학사학위, 석사학위 등의 교육자격이 이용되고 있음을 시사한다.

예를 들어 어느 기업이 일부러 경영대 학생을 채용하려는 배경에는 "경영대 교육이 업무에 대하여 필요한 훈련의 증거라기보다 이 학생이라면 이미 기업의 심적 태도에 몸을 맡겼다는 증거로 보인다[23]"라며 "경영학 학사증은 일종의 충성 테스트로도 간주되는 듯하다[24]"라고 결론지었다.

앞서 확인했듯이 대학 건축 교육의 내실은 표준화된 기술로서의 전문적인 스킬이나 리터러시의 함양을 위해 최적화된 것이 아니다.

반대로 '지배적 아비투스의 형성'과 '문화적 자의의 수용'을 통하여 건축 문화를 향한 경외감을 향상시키고 생산자 그리고 수용자와의 '문화적 통제'가 가능한 한 많이 이루어지는 장

場으로서 대학이 기능한다. 그 근거로는 콜린스나 교육 재생산론을 주장하는 학자들이 지적하듯이 대학 교육이란 건축업계가 원하는 인재를 적절하게 선별하기 위한 '문화적 선발 수단'으로 기능하고 있음을 단서로 들 수 있다.

콜린스가 "학교를 기반으로 발현하는 지위 집단의 문화와 학생들을 고용하는 지위 집단의 문화에 대한 적합도가 최대일 때 교육은 가장 중요한 기능을 한다. 반면에 학교와 고용주의 문화 사이의 격차가 최대일 때 교육은 중요성을 잃게 된다[25]"라고 말했듯이 고용주(=실무를 하는 건축가)의 가치관과, 교육 현장에서 널리 공유되는 가치관이 맞아떨어져야 한다.

이러한 사실을 근거로 건축 설계 교육, 특히 건축의장 분야의 교원은 상근 및 비상근을 포함한 모든 교원이 실무를 겸하는 경우가 대부분이다. 이러한 이유로 "학교를 중심으로 발현되는 지위 집단의 문화와 고용을 실시하는 지위 집단과의 적합도[26]"가 매우 높은 것이다.

여기서 말하는 적합도란 고용을 실시하는 지위 집단이 이상적이라고 생각하는 건축가다움을 학생이 몸에 지니고 있는지의 여부이다. 그것은 학생들이 얼마나 건축에 헌신하는지에 따라 계량된다. 즉 도면이나 모형의 스케치나 결과의 절대적인 양, 그리고 모형의 정밀도나 크기로 나타나는 것이다.

건축계의 서포터

그러나 요즘에는 건축학과를 졸업한 사람이라도 건축가는 고사하고 건축 관련 기업에 취업하지 않는 사람도 흔하다.

한편 건축가가 되지 않고 다른 길을 선택하더라도 그들은 건축가다움을 내면화하고 있기 때문에 건축에 대한 헌신적 태도나 건축 문화에 대한 이해 또는 건축에 대한 동경심을 계속해서 가진다. 즉 건축계의 서포터로서 건축계의 존속과 발전 그리고 저변을 넓히는 데 이바지하는 역할을 담당하는 셈이다.

이들은 건축 잡지나 건축과 관련된 서적의 열성적인 독자가 되고 또한 건축과 관련된 각종 강연회나 전람회에도 자주 다닌다. 이러한 사람들 또한 건축계에 있어서 매우 중요한 존재이다.

예술 작품의 가치를 생산하는 주체는 예술가가 아닌 신앙의 권역이 생산되는 장소이다. 바로 예술가의 창조적인 힘에 대한 신앙을 생산하는 일이 예술 작품의 페티시적인 가치를 생산하는 것이다. 예술 작품이 가치를 부여받은 상징적 대상으로 존재하기 위해서는 그것이 인지되고 승인되는 것, 즉 그것을 예술 작품으로 인지하고 승인하는 일에, 충분한 양의 미적 성향과 미적 능력을 겸비한 관중들에 의

해 사회적인 예술 작품으로 제도화되는 전제가 필요하다.[27] (방점필자)

부르디외의 말처럼 작품의 가치 생산, 작품의 가치에 대한 '신앙의 생산'이란 그야말로 작품의 물질적 생산과 동등하거나 그 이상으로 중요하다. 즉 한 채의 빌딩 혹은 한 채의 주택이, 무수히 존재하는 기타 일반적인 '건물'이 아닌 '건축'으로 인지되기 위해서는 그것을 설계할 수 있는 탁월한 한 명의 건축가를 만들어내는 것만으로는 충분하지 않다. 건축의 (기능 이상의) 가치를 인정하고 건축가를 아티스트 및 문화인으로 간주하는 사람들의 존재가 필수적이다.

족쇄가 되는 아비투스

지금까지 살펴본 바와 같이 대학의 건축 교육이란 문화적 사회화라는 잠재적 교육의 기능을 통하여 건축계에 적합한 아비투스를 함양시킨다는 사실을 알 수 있다. 이를 위하여 대학은 학생이 주체적으로 문화적 자의를 수용할 수 있도록 전반기를 중심으로 지배적 아비투스의 생성을 학생에게 체득시키는데 그것이 바로 '숨겨진 커리큘럼'이다.

한편 후반기에는 강평회라는 교육 장치를 이용하면서 표준화되지 않는 기술을 다분히 포함하는 '문화적 자의'라는 지도 방식을 '가치가 있는 것', '의미가 있는 것'이라고 받아들이거나 주체적으로 학습하는 학생들을 만들어간다.

그렇게 그들은 건축 문화를 향한 가치 의식이라는 '건축가의 에토스'를 뒷받침하는 중요한 요소를 체득한다. 즉 대학이란 실무에 이바지하는 능력을 몸에 익히는 장場이 아닌 아비투스를 익히기 위한 문화적 사회화가 이루어지는 장場으로 기능하고 있음이 분명해진 셈이다. 그렇다면 이것은 건축가계에 어떻게 공헌하고 있을까.

건축가와 그렇지 않은 자

건축가는 건축가와 그렇지 않은 자를 엄격하게 준별하고자 한다. 또한 건축과 건물을 엄격하게 구분함으로써 자신의 직업적 영역을 명확히 하고자 한다. 그리고 이를 부추기는 것이 바로 '건축가의 아비투스'이다.

이 아비투스는 건축가와 건축계에 매우 중요한 역할을 한다. 왜냐하면 일본의 건축가는 전문가(profession)로 확립된 미국이나 유럽의 건축가와는 달리 공적인 자격이나 제도가 존재하지 않으며 게다가 시민 사회에 의해서 지지되는 전문가 단체도 가지고 있지 않다.

1급 건축사라는 자격은 국토교통대신국토교통부 장관으로부터 부여받는 면허일 뿐 건축가만의 자격도 아니며 건축가의 직능을 보증하는 것도 아니다.

따라서 건축가계의 경계는 항상 다른 직능에 종사하는 사람들의 도전을 받게 된다. 그것을 퇴짜 놓기 위해서는 건축가 개개인이 평가해야 마땅한 '건축'과 그렇지 않은 '건물'을 구별하기 위한 심미안을 지닌 다음, 건축가와 비非건축가(설계사와 디자이너)의 차이에 대하여 목소리를 높여야 한다. 건축가가 이러한 활동을 하도록 부추기는 현상은 아비투스가 작용한 결과이다.

그러나 이러한 아비투스가 유효하게 작용하는 곳은 건축가계 뿐이다. 건축가계가 존재감을 잃어가는 오늘날, 아비투스는 자유롭게 직능을 펼치는 일에 족쇄가 되는 측면도 있다.

노부시 세대까지는 건축가계에서의 탁월화가 사회적 성공과 거의 동의어였으나 그 이후 세대의 건축가는 시대 상황을 예측하면서 건축가로서의 직능을 전개해야만 했다.

마무리하며

전통적으로 일본의 건물이나 주택을 만들어 온 목수는 그 기술을 계승하는 일에 대하여 스승에서 제자라는 도제 제도 안에서 전해졌다. 그러나 건축가는 메이지明治(1868-1912) 시대의 여명기 이래 기본적으로 대학이라는 장場에서 그 지식과 기술이 전해졌다. 대학은 건축가에게 필요한 지식과 기술을 가르치고 심화시키는 장소이며, 지금도 마찬가지이다.

건축가와 대학 교육을 테마로 삼은 이번 장에서 내가 시도하고자 했던 것은 잠재적 기능에 관해서 대학의 건축학과를 조금은 다른 관점에서 검토하는 일이다. 건축가에게 필요한 지식과 기술을 배우는 것이 대학의 현재顯在적 기능이라면, 잠재潛在적 기능이란 학생들에게 건축가다움을 함양하도록 만들기 위한 것이다. 이번 장의 이야기를 시작할 때 호피족 기우제의 잠재적 기능에 대하여 언급하였는데 이는 호피족이라는 커뮤니티의 응집성과 영속성을 높이는 일에 매우 유용한 잠재적 기능을 가진다. 이처럼 건축가에게도 대학 교육의 잠재적 기능이란 매우 중요하다.

의사나 변호사 같은 전문직에 비하면 전문직으로서 건축가의 입지는 불안정하고 약하다. 그 이유는 의사나 변호사처럼 국가 자격과 직능이 확고하게 연결되어 있지 않기 때문이다. 건축사라는 국가 자격은 건축 기술자, 공무원, 관리, 교사, 목수에 이르기까지 건축에 종사하는 많은 직업인이 가지고 있기 때문에 건축가만의 직능을 뒷받침하는 것은 아니다.

의사 면허나 변호사 자격처럼 직능을 보장해주는 국가 자격은 건축가에게 존재하지 않는다. 그렇기 때문에 건축가라는 직능의 존재 의의나 그 가치가 단절되지 않도록 계속해서 전달해야 한다. 그 모습이 일어나는 장소가 바로 대학이다. 구체적인 메커니즘에 관해서는 앞서 검토한 바와 같다.

대학의 건축 교육에는 건축계에 적합한 아비투스를 함양시키는 '문화적 사회화'라는 잠재적 교육 기능이 있다는 사실이 분명해졌다.

이를 위해서 대학 전반기를 중심으로 '문화적 자의'의 수용을 주체적으로 이루도록 만드는 지배적 아비투스의 생성을 학생들에게 체득시키는 숨겨진 커리큘럼을 가진다.

건축 디자인의 지도는 때때로 '아름답다', '아름답지 않다'처럼 기준이 모호한 어휘나 '잘한다', '못한다'라는 표준화되지 않은 기술을 나타내는 어휘를 사용하면서 이루어진다.

지도하는 교사(=건축가)는 본인이 경험한 지식을 토대로 위와 같이 지도를 수행하지만 그것은 건축가 개인의 취향과 종이 한 장 차이일 뿐이다. 이 때문에 건축 설계의 과제에서 어느 교사는 "이러한 형태가 좋다"라고 말했지만 다른 교사는 "그것은 안 된다"라고 말하는 모순이 생긴다.

이러한 엇갈림의 시작은 목에 박힌 생선의 잔뼈처럼 끈질긴 통증으로 남아 결국 교원을 향한 분노와도 비슷한 감정을 가지게 되는 학생도 있다. 그러나 대부분의 학생은 교수가 발언한 내용의 모순보다 오히려 자신의 기술이 부족하다고 반성한다.

대학 후반기에는 강평회라는 교육 장치를 이용하면서 교사는 표준화되지 않은 기술이 포함된 건축가들의 지도 방식을 가치와 의미가 있는 것이라며 학생들을 납득시키고, 그것들을 주체적으로 학습할 자질을 지닌 학생들을 만들어 간다. 동시에 강평회에서 교사는 학생의 작품에 심판을 내리는 특권적인 재정자로 행동한다. 작품을 발표시키고, 강평을 하고, 서열을 매기고, 때로는 자신의 이름을 딴 상을 준다. 강평회는 교사(=건축가)의 권위를 재생산하기 위한 무대 장치이기도 하다.

  대학이란 현재顯在적 기능으로서 실무에 이바지하는 능력을 익히는 장소, 그리고 잠재潛在적 기능으로서 아비투스를 몸에 익히기 위한 '문화적 사회화'가 이루어지는 장소라는 두 가지 측면이 기능하고 있다. 그중 대학에서 기능하는 잠재적 기능이란, 기반이 취약해 더 이상 한계에 다다른 건축가라는 직능을 떠받치는 초석으로 작용하고 있다.

무엇이 안도 다다오의 자본이 되었는가

고졸 프로 복서 출신의 건축가로 잘 알려진 안도 다다오. 그는 독학과 아르바이트, 그리고 세계 여행이라는 방식으로 학력이라는 장벽을 극복하고 세계적인 건축가로 성공한다. 성공을 위해 무엇을 자본으로 삼고 어떠한 전략을 세웠는지, 그 구체적인 과정을 사회학적 관점에서 살펴보도록 하자.

성공 스토리의 이면

여기서 보충을 위해 예시를 드는 목적은 한 마디로 '안도 전설'의 비밀을 푸는 것이다.

안도 다다오安藤忠雄(1941-),1995년 프리츠커상 수상는 건축 팬이 아니더라도 많은 사람들에게 알려진 건축가이다. 안도가 유명해진 것은 그가 만드는 노출 콘크리트의 건축 작품뿐만 아니라 오사카 사투리로 이야기하는 그의 개성적인 캐릭터, 그리고 전직 프로 복서이며 대학에 가지 않고 독학으로 건축을 공부한 뒤 당시 드물었던 배낭여행을 통해 전 세계를 여행하였고, 그 이후 설계 사무소를 열었다는, 이색적인 경력이다.

고졸의 안도에게는 건축가가 되기까지 아주 커다란, 보통 사람들은 쉽게 넘을 수 없는 높은 벽이 있었다. 안도는 종종 이러한 일화를 직접 쓰거나 말할 때도 있지만 이를 구체적으로 어떻게 극복했는지에 대해서는 별로 언급하지 않았다. 사회학자인 내가 궁금한 것은 이를 극복한 방법이다.

앞서 안도 다다오에 대해서 여러 차례 언급했지만 여기에서는 안도가 어떻게 일본을 대표하는 건축가로서 지위를 얻게 되었는지에 대하여 자세히 검토하고자 한다.

안도의 파란만장한 건축가 인생에 대해서는 안도가 직접 쓴 많은 책이 존재한다. 거기에는 안도의 건축 철학과 더불어 인생관 또한 적혀 있다. 나아가 건축역사학자 미야케 리이치 三宅理一(1948-), 건축평론가 마츠바 가즈키요 松葉一淸(1953-) 등 안도와 친분이 깊은 저술가들의 평전도 존재한다.

이렇게 안도에 대해 알 수 있는 뛰어난 책들은 이미 많이 존재하기 때문에 여기서 쓸데없이 말을 더하고 싶은 생각은 없다. 오히려 이러한 저작을 참고하면서 보충하는 내용을 쓰고 있다.

안도의 '신데렐라 보이'적인 성공 스토리의 이면에는 무엇이 있었을까. 내가 알고 싶은 내용은 바로 그것이다.

안도의 오랜 건축가 인생의 모든 것을 망라할 수는 없기 때문에 공업고등학교를 졸업한 18세부터《스미요시 연립 주택》을 발표한 35세까지, 안도의 초기 경력의 궤적을 쫓으며 밝혀 나갈 것이다.

공백을 채우다

안도가 일약 유명 건축가 반열에 오른 것은 《스미요시 연립 주택》(1976)을 발표하고 그 작품으로 일본 건축학회상을 받은 타이밍이라고 여겨진다.

스미요시 연립 주택은 비평성이 풍부하고 '건축 작품'으로 불릴 만큼 아름다운 건축이다. 그렇다고 이렇게 아무리 뛰어난 작품을 건축가계의 외부에 있는 인간이 발표한다고 해서 평가 대상이 되기는 어렵다. 즉 안도는 스미요시 연립 주택을 설계한 시점에 이미 건축가계 내부에 있었고 '베팅금'의 제출을 요구받던 신인 중 한 명이었다고 생각하는 것이 타당하다.

그렇다면 공업고등학교를 졸업한 안도가 대학에 진학하지 않고 독학으로 건축을 배우고 힘을 비축한 뒤 스미요시 연립 주택으로 화려한 데뷔를 장식했다는 스토리에는 상당한 비약이 존재하는 것이다.

예를 들어 안도가 초보 건축가로서 고군분투하던 시절의 에피소드도 자주 회자된다.

> 처음에는 일이 전혀 없다고 해도 무방할 정도였다. 일을 의뢰하는 사람도 없고 국내외 공모전에 참가하는 것이 유일한 일거리인 상태가 계속되었다. 그렇게 매일 사무실 바닥에 드러누워 천장을 올려다보며 책을 읽거나 가공의 프

로젝트를 상상하며 지냈다.[1]

이 에피소드는 그동안 여러 차례 있었던 안도의 강연회에서 안도 본인의 입을 통해 직접 들은 적이 있는 이야기이다. 물론 정말 바닥에 드러누워 천장을 바라보고 책을 읽던 날도 있었을 것이다. 그러나 이렇게 매일 언제 찾아올지 모르는 클라이언트를 하염없이 기다리고 있기만 했던 것은 아닐 테다.

건축가로 활약하기 위해서는 건축가계에 들어갈 필요가 있다고 앞에서 밝혔다. 그곳에 들어가기 위해서는 '입계금'과 학력이라는 '자본'이 필요하다. 게다가 아비투스도 필요한데 그것은 대학에서 '건축에 절여짐'으로써 몸에 익히게 되는 건축가다운 성향의 한 묶음이다. 이러한 여러 요소를 몸에 익히지 않은 상태에서 무명의 신인이 화려하게 데뷔하는 일은 건축가의 세계에서 있을 수 없다.

안도는 노부시 세대 중 한 명으로 엮이는 일도 있는데 노부시 세대의 다른 건축가의 학력을 보면 이토 도요伊東豊雄(1941-), 2013년 프리츠커상 수상는 도쿄대학, 모즈나 키코우毛綱毅曠(1941-2001)는 고베대학, 롯카쿠 기조六角鬼丈(1941-2019)는 도쿄예술대학, 이시야마 오사무石山修武(1944-)는 와세다대학으로 구성되어 있다.

모두 건축계에 많은 졸업생을 배출하는 명문대 출신이다. 안도를 제외하고는 모두 학력이라는 자본을 가진다. 이러한 건축가들의 학력과 비교하면 안도의 공업고등학교 졸업이라는 학력은 이질적으로 보인다.

학력이라는 자본을 지니지 못한 안도가 건축가계에서 탁월한 업적을 남길 수 있었던 비밀은 어디에 있을까.

안도가 고등학교를 졸업한 18세부터 스미요시 연립 주택으로 인기를 얻은 35세까지, 그 사이에 자본이나 아비투스를 몸에 익히기 위한 과제를 달성했을 것이다. 그렇다면 어느 시기에 어떠한 과제를 달성하면서 그것들을 몸에 익힌 것일까. 우선 시간순으로 살펴보자.

차별화 전략① 독학과 아르바이트로 건축을 배우다

안도는 1956년에 중학교를 졸업하고 오사카 부립 성동공업학교 기계과에 입학했다.

당시 이 학교에는 기계과와 전기과밖에 없었다. 고등학교를 선택한 이유는 동네의 한 살 많은 형이 이 고등학교에 다녔기 때문이라는 정도의 동기였다. 일주일의 커리큘럼 대부분은 실습이며 아침 8시부터 오후 5시까지 계속해서 선반을 돌리는 나날들이었다.

고등학교를 졸업하고 사회인이 될 즈음, 어렸을 적 집을 수리할 때 품었던 건축에 대한 흥미가 되살아나 건축을 일로 삼고 싶다고 생각하게 된다. 그러나 경제적인 이유로 애초부터

건축하지 않는 건축가

대학에 갈 선택지가 없었던 안도는 대학에 진학한 친구에게 부탁하여 교과서를 얻었고 그렇게 독학으로 건축 공부를 시작하였다. 안도는 당시를 다음과 같이 회고한다.

> 어떻게 할지 고민하다가 서적으로 배울 수밖에 없다는 생각에 이르렀다. 구조선을 내어준 것은 교토대학이나 오사카대학에 진학한 또래의 동료였다. 그들에게 부탁하여 대학 교과서를 사달라고 했다. 그리고 그것을 탐독하는 매일이 계속되었다.[2]

위 내용을 읽으면 안도에게는 교토대학이나 오사카대학에서 건축을 배우는 또래의 친구가 있었음을 알 수 있다. 특히 교토대학 친구들이 많았다고 한다.

안도가 다니던 공업고등학교의 졸업생 중에는 취직자가 많았을 것이고 교토대학이나 오사카대학에 진학하는 학생은 극히 적었을 것이다. 그렇다면 그러한 친구들과는 학교 밖에서 서로를 알지 않았을까. 아무튼 친구에게 부탁하여 대학에서 사용하는 여러 교과서를 손에 넣은 것이다.

이처럼 독학이어도 되도록 대학과 가까운 장소에서 독학히고자 했음을 알 수 있다. 더욱이 이들과는 대학 밖에서 자주적으로 열리는 연구회에서 더욱 깊은 교류를 실천하였다.

또래 친구들과는 오사카에서 발행되던 건축 전문지 『히로바』의 편집으로 논의를 겨루기도 하였다. 건축 설계의 실무를 아르바이트로 습득하는 것, 게다가 건축을 정면으로 논할 수 있는 기회를 얻은 것은 감사한 일이다.[3]

독학의 한계는 동료들과 논의할 수 없다는 점에 있다. 습득한 지식은 다른 사람들에게 설명하는 기회를 통해 더욱 깊고 피가 통하는 지식이 된다. 안도는 같은 세대의 우수한 동료들과 이야기를 나누면서 건축 지식을 혈육화해나갔다. 또한 대학에서 건축을 배운 동료들과 이야기를 나누면서 대학 건축 교육을 통해 아비투스를 체득한 학생들의 언행과 심미안 등을 관찰하며 그들과의 거리를 좁히고자 노력하였다.

차별화 전략② 세계 여행

독서와 연구회를 통하여 대학생에 뒤처지지 않는 건축 지식을 몸에 익힌 안도였지만 정통의 건축 교육을 받은 동료들과 자신을 어떻게 차별화할지에 대한 전략도 고민했음에 틀림없다.
  건축가가 되기 위한 진짜 승부는 지금부터이다. 앞으로 그들과 동일한 길을 걷는 것만으로는 탁월화를 바랄 수 없다. 그 차별화의 전략 중 하나가 세계여행이다.
  1965년, 25세의 안도는 코르뷔지에Le Corbusier (1887~1965)의

작품을 보는 것 그리고 코르뷔지에를 직접 만나는 것을 목표로 유라시아 대륙을 거쳐 유럽으로 여행을 떠났다.

요즘 학생이라면 여행이나 유학 등 부담 없이 해외에 나갈 수 있지만 당시에는 해외 여행이란 일반인이 쉽사리 갈 수 있는 것이 아니었다. 일반적으로 해외 여행의 금지령이 풀리게 된 것은 1964년이며 안도는 그 이듬해에 떠났다. 더 이상 돌아오지 못할 수도 있다며 친지 및 친구들과 '물잔'을 나눈 뒤 출발하였다.

이러한 상황 속에서도 여행을 결행한 이유는 코르뷔지에를 만나고 싶다는 건축 청년다운 동기에 더하여 희귀한 경험을 통해 경쟁자들과의 차별화를 노렸기 때문이 아닐까.

1960년대 후반에 고대 그리스 및 로마 건축, 고딕 로마네스크 성당, 코르뷔지에나 알바 알토Alvar Aalto(1898-1976)의 진짜 건축을 체감한 건축가나 건축 학도가 과연 일본에 몇 명이나 있었을까. 이러한 희귀한 경험은 안도의 자본으로도 기능했다.

사회 관계 자본을 만들다

안도는 22살 때, 건축가 및 도시계획가 미즈타니 에이스케水谷穎介(1935-1993)가 주재하던 〈TeamUR〉에서 아르바이트를 했다.

안도는 당시 오사카 시립대에서 도시계획의 교편을 잡고

있던 미즈타니의 밑에서 고베시神戶市 미나토가와湊川의 재개발 프로젝트에 참여할 기회를 얻는다. 안도는 그곳에서 도시 개발 마스터 플랜을 도우며 일했다. 안도는 미즈타니의 밑에서 일했던 시기에 도시 법규, 경제 활동, 건축 활동의 관계 등 건축과 도시를 넘나드는 넓은 지식과 경험을 쌓는다.

또한 안도는 미즈타니를 통해 당시 사카쿠라 준조坂倉準三 (1901-1969), 르 코르뷔지에의 제자 건축연구소 오사카 사무소의 수석이었던 니시자와 후미타카西澤文隆(1915-1986)와도 교류하게 된다. 스승이 없는 안도에게 미즈타니와 니시자와가 실질적인 스승이었다.[4]

안도는 꽤나 정력적으로 움직였다. 그 이유는 자신에게 없었던 자본을 만들기 위해서였다. 그것은 사회자본, 즉 관계(connection)이다.

안도는 오사카 우메다梅田의 한큐히가시도오리阪急東通 상점가에 있던 재즈다방 〈check〉에 자주 드나들었다. check의 점포를 설계한 사람은 건축가 아즈마 타카미츠東孝光(1933-2015)였다. 당시의 아즈마는 사카쿠라 건축 연구소의 오사카 사무소에 소속되어 있었다.

사카쿠라 건축 연구소에 있던 야마모토 야스타카山本泰孝 (1935-2016) 등이 〈check의 모임〉이라는 동아리를 결성했다. 그 동아리를 통해 알게 된 것은 관서 지방을 거점으로 활동하는 전위예술가 집단인 구체미술협회具体美術協会였다. 20대의 안도는 구체미술협회 사람들의 소개로 다나카 잇코[*]田中一光 (1930-2002), 구라마타 시로^{**}倉俣史朗(1934-1991), 요코오 다다노리 ^{***}横尾忠則(1936-), 가라 주로^{****}唐十郎(1940-) 등을 알았다.

또한 안도의 쌍둥이 동생인 키타야마 타카오北山孝雄(1941-)에게 이끌려 신주쿠新宿의 〈FUGETSUDO〉, 아카사카赤坂의 〈MUGEN〉, 그리고 노기자카乃木坂의 〈자드〉와 같은 도쿄의 찻집이나 라이브 하우스에도 드나들게 된다.

그 장소도 작가나 연극인, 아티스트, 디자이너 등 전위적인 표현을 열망하는 젊은 사람들이 자주 모이는 곳이 되었다. 안도는 이러한 장소에서 당시 가장 앞서 있던 예술가, 디자이너, 사진작가들을 만나 우정을 키운 것이다. 이러한 사람들과의 우정은 사회관계로 불리는 일종의 자본으로 기능한다.

그리고 이러한 장소를 재빨리 발견하고 뻔질 나게 출입하는 것으로 건축가에게 필요한 사회관계 자본을 습득할 수 있었다.

- [*] 초기 무인양품의 그래픽 디자이너로 잘 알려져있으며 20세기 일본의 그래픽 디자인을 대표하는 인물
- ^{**} 인테리어 및 가구 디자이너로 현대 일본 디자인에서 가장 영향력 있는 인물
- ^{***} 일본의 앤디 워홀이라고 불리며 세계적으로 많은 수상경력이 있는 그래픽 디자이너
- ^{****} 극작가 겸 연출자

베팅금을 만들다

1969년, 28세가 된 안도는 오사카에 설계 사무소를 열고 설계 활동을 시작한다. 안도는 당시를 회상하며 다음과 같이 말한다.

> 처음 10년은 무엇보다 설계의 일이 좀처럼 들어오지 않았다. 간신히 일이 들어와도 부지도 좁고 예산도 부족했던 상황에서 그 역경을 어떻게 극복하고 나름대로의 생각을 실현할 수 있을까. 건축을 직업으로 해나가는 것만으로도 벅찼다. 찔끔찔끔 날아드는 것은 소규모의 도시 주택과 상업 시설의 설계뿐, 모두 단게 겐조丹下健三(1913-2005), 1987년 프리츠커상 수상를 필두로 한 당시 건축계의 가장 앞선 곳에서 보면 보잘것없는 스케일의 일이다. 하지만 그것을 쐐기처럼 하나하나 거리에 삽입하는 것으로 내 나름의 커리어를 쌓아가기로 결심했다.[5]

위의 이야기를 통해 청년 안도의 강한 결의를 읽을 수 있다. 하지만 본론의 주제에 비추어 살펴보면 궁금한 점이 몇 가지 있다.

가장 먼저 '찔끔찔끔 날아드는 것은 소규모의 도시 주택과 상업 시설의 설계뿐'이라는 대목이다. 안도의 초기 작품을 보면 노출 콘크리트라는 안도 건축 스타일이 완성되었음을 알 수 있다. 작품의 수는 적지만 이미 '베팅금'으로서의 작품을 만들었다.

29세의 안도는 1970년 오사카부 건축사회建築士会가 주최한 공모전에서 1위를 차지한다. 또한 1973년에는 건축 잡지『도시 주택』의 임시증간호에서《토미시마 저택富島邸》이〈도시 게릴라 주거〉라는 매니페스토와 함께 게재된다. 도시 게릴라 주거라는 매니페스토에는 자본이 없는 젊은 층이 정규군인 건축가계의 건축가들에 대항하여 투쟁하겠다는 파이팅 포즈가 드러난다.

게다가 이 시기의 안도는『도시 주택』의 편집장 우에다 마코토植田実(1935-)를 만나 칭송을 받는다. 안도는 실질적인 데뷔작인 스미요시 연립 주택을 발표하기 전에 이미 "오사카의 안도로서 사람들의 시선을 모았다[6]"라고 평가될 정도의 인지도를 획득했다. 스미요시 연립 주택의 평판에 대해서는 다른 장에서도 적고 있기 때문에 여기서는 반복하지 않는다.

안도는 건축 세계를 살아가기 위해 절대로 유리하다고 할 수 없는 자신의 처지를 확인한 뒤, 어떻게 하면 건축의 세계에서 성공할 수 있을지에 대하여 필요한 것과 자신에게 부속한 것을 냉정하게 살폈다.

그러나 대졸자와 동일한 방식으로 출세하기란 어려웠다. 그래서 안도는 압도적인 핸디캡을 짊어진 입장을 반전시키기 위해 경쟁자들이 하지 않은 일에 도전하기로 하였다. 금지령이 해제되고 난 뒤 바로 해외여행을 홀로 강행하거나 과격한 매니페스토의 발표 그리고 그것을 집대성한 결과가 바로 스미요시 연립 주택이다.

안도는 건물 일부가 비를 피할 수도 없는 야외로 구성된 주택을 일생일대의 베팅금으로 내걸었다. 보통 신인의 베팅금의 회수율은 낮다. 베팅금의 회수율을 높이기 위해서는 그 작품이 기존의 틀을 깨뜨릴 수 있을 정도의 기세를 요구한다. 안도는 그것을 잘 알고 있었다. 그래서 만반의 준비를 다한 뒤 발표한 것이 스미요시 연립 주택이다.

안도의 초기 경력은 혈기왕성한 복싱선수 출신 건축소년의 악착스럽고 과격한 도전으로 형성된 것이 아니다. 스미요시 연립 주택은 프로복서 출신답게 냉정히 겨냥한 후에 확실한 한 방을 먹이려는 혼신의 라이트 훅인 것이다.

마무리하며

이번에는 안도가 고등학교를 졸업한 때부터 실질적인 데뷔작인 《스미요시 연립 주택》의 발표에 이르는 십여 년에 걸친 청년기 안도의 도전을 냉정한 전략에 근거한 실천이라는 관점에서 재검토하였다.

스미요시 연립 주택을 전후前後로 건축가라는 직능을 속인

건축하지 않는 건축가

屬人적인 것으로 끌어들이려는 안도의 언행이 눈에 띈다. 건축가라는 직능과 안도 다다오라는 개인을 떼어낼 수 없도록 매듭지으려는 것을 의도한 듯한 언설이다.

그중 하나로 안도의 성장 스토리가 있다. 안도는 자신의 출신과 태어나고 자란 환경에 대하여 자주 이야기하는데 다음과 같은 이야기가 전형적이다.

나는 1941년 오사카에서 태어났다. 공습으로 인한 화재로 집을 잃고 소개˚疎開 이후 다시 돌아온 오사카에서 살기 시작한 집은 변두리의 전형적인 연립 주택촌이었다. 양호한 주거환경이라고 말하기는 어렵지만 고밀도이기 때문에 농밀한 커뮤니티가 있었고 무엇보다 어린 나에게는 목공소, 유리공장 같은 마을 공장의 존재가 매력적이었다. 특히 집 맞은편의 목공소가 마음에 들어 틈만 나면 공장에 들어가 죽치고 앉아 나무를 깎고 무언가를 만들었다. 십대 후반까지 나무 냄새를 가까이에 두고 지낸 것 같다. 이 시기에 물건을 만드는 자세, 예절 같은 것을 몸으로 배웠다. 재료의 성질을 읽고 그 성질을 살리면서 앞으로 만들 수 있는 완성형을 상상해 보고 나머지는 한결같이 끈기 있게 작업을 거듭해나간다. 모노즈쿠리ものづくり, 일본의 장인정신을

- 공습 및 화재의 피해를 줄이기 위해 집중된 사람이나 물건을 분산시키는 것

일컫는 말의 어려움과 기쁨을 알았다. 내 건축의 수공예적 감각은 그때 심어진 것이다.[7]

일반적으로 건축가가 이렇게나 자신의 이야기를 하는 경향은 드물다. 예를 들어 건축 역사가인 후지모리 테루노부藤森照信(1946-)는 단게 겐조와의 인터뷰에서 "당신은 지나간 것만 질문하는데, 옛날이야기는 반으로 줄이고 나머지 반은 현재의 관심거리를 이야기하고 싶다"라고 들은 이야기를 술회했다.[8]

그러나 안도는 수많은 저서에 자기사自己史적 에피소드를 담고 있다. 안도가 그렇게 어린 시절이나 소년기의 과거 기억을 되풀이하면서 이야기하는 이유는 어디에 있을까. 다음의 이야기가 참고가 될 것이다.

"건축가의 모습은 어떤 환경에서 태어났고 어떤 시대에서 자랐는지, 건축가 이전의 시간에 깊이 관여한다[9]".

여기서 안도가 말하는 내용은, 건축가라는 직업이란 개인과 시대와 환경의 기적적인 해후에 의해 태어나는 그야말로 속인屬人적인 직업이라는 것이다.

안도가 반복하는 이러한 이야기는 퇴색되기 쉬운 소비사회 속에서 결코 소진될 리 없는 '건축가, 안도 다다오'라는 브랜드적 가치를 재생산하는 프로세스가 된다.

주택을 설계할 수밖에 없는 건축가

건축가들과의 경쟁 속에서 주택이란 그저 생계를 위한 수단이 되고 만다. 그럼에도 주택을 통해 탁월화를 꿈꾸는 건축가들이 등장하기 시작하는데, 이들이 모색한 새로운 길은 과연 무엇이었을까?

패독에서 가라오케까지

이번 장의 목적은 건축가의 탁월화를 위해 주택이 어떻게 자리매김했는가를 밝혀나가는 것이다. 구성상의 이유로 각 건축가의 대표적인 작품 소개는 최소화한다.

메이지明治(1868-1912) 시대 이후 일본에 도입된 건축가라는 직능을 가진 사람들은 근대 국가에 적합한 중후한 서양식 건축을 설계하는 것을 사명으로 삼았다. 그 때문에 메이지 시대부터 전전戰前에 걸친 건축가나 전후戰後에 활약한 단게 겐조丹下健三(1913-2005), 1987년 프리츠커상 수상나 구로카와 기쇼黑川紀章(1934-2007)라는 건축가도 주택의 설계는 거의 실시하지 않았다.

물론 메이지 이후 서양식 주택의 설계에 매진한 건축가도 있었고 다이쇼大正(1912-1926) 시대의 일부 건축가가 매진했던

건축하지 않는 건축가

주택의 근대화나 위생화라는 업적도 잊지 말아야 한다. 그럼에도 불구하고 건축가계의 조류로서 주택이란 그다지 중요시되지 않은 주제라고 볼 수 있다.

그러나 전후에 주택이 대량으로 수요되면서 건축가들도 주택이라는 주제를 적극적으로 마주하게 된다.

거기에는 전쟁 화재에 의한 주택의 소실과 그 반동에 의한 부흥을 위한 대량의 수요나 1950년대 이후 증가하기 시작한 건축가(예비군)의 일거리 확보 문제와 같은 배경이 있는데 그것은 나중에 다시 한번 이야기하겠지만 여기에서는 주택이 어떻게 건축가의 탁월화에 기여했는지를 생각하기 위한 하나의 근거를 제시하고 싶다.

그것은 구마 겐고隈研吾(1954-)가 주최한 주택 아이디어 공모전에 투고한 『패독에서 가라오케까지』라는 제목의 소논문에 나타난 아래의 내용이다.

초보 건축가는 실제로 어느 정도의 역량을 가지고 있을까. 어떠한 건축가를 발탁하여 기회를 주어야 사회 전체에 도움이 될 수 있을까. 그것은 주택 설계라는 하나의 공통된 씨름판(패독) 위에서 시험되는 것이다. 그렇게 주택 설계라는 필드는 오늘날의 사회에서 본선 레이스의 진출을 위한 패독으로 기능해왔다. [1]

여기서 구마가 '본선 레이스'라고 부르는 것은 건축가계이며 '패독'이라고 부르는 것은 건축가계의 하위계에 해당한다.

패독(paddock)이란 경마장에서 레이스에 출주하는 경주마가 스태프에게 발탁된 후에 주행을 테스트하는 장소로서, 예시장*이라고도 불리는 곳이다. 관객은 거기서 말의 상태를 체크하고 마권을 구매할 때의 단서로 삼는다.

마권을 구매하는 것은 건축가계 안의 권력자이다. 즉 거물의 건축가, 유명 건축가라고 불리는 사람들이나 건축 평론가, 윤택한 자금을 가진 클라이언트이다. 이러한 '관객'을 대상으로 패독의 말(=젊은 건축가)은 주택이라는 '베팅금'을 어필한다.

건축가를 경주마에 비유하는 구마의 아이러니컬한 글솜씨에 방긋 미소가 지어지는데, 건축가계의 구조를 정확하게 조감하여 주택이 건축가에게 어떠한 의미를 가지는가를 잘 그려내고 있기 때문이다.

주택의 신격화

그러나 앞서 이야기한 바와 같이 건축가는 주택을 설계 대상으로 삼지 않았다. 즉 주택이란 건축가계 안에서 베팅금은 물론, 건축가계에 입계하기 위한 자본으로조차 카운트되지

- 경주에 출전하는 말의 상태를 파악할 수 있도록 일반인에게 공개하는 장소

않았다.

　그럼에도 불구하고 주택은 어떻게 베팅금이나 자본으로 기능하게 되었을까. 이에 대하여 구마는 '주택의 신격화'라는 개념을 들고 나와 이 모순을 설명하려 한다. 구마의 설명은 이렇다.

　일찍이 건축가는 제국대학을 중심으로 소수의 교육 기관에서 배출되는 엘리트 전문직이었다. 그러므로 그러한 대학을 졸업한 사람이 그대로 건축가(예비군)로서 건축가계에 들어간다. 즉 여기서는 학력이 입계금으로 기능했던 것이다.

　그러나 전쟁을 거치면서 건축 교육 기관은 증가하였고 그곳에서 배출되는 건축가 예비군도 증가하였다. 이렇게 되면 교육 기관을 졸업했다는 사실은 건축가로서의 자질이나 능력을 보장하지 않게 된다. 그 결과 학력은 입계금으로서 기능하지 않게 되었다. 그렇게 학력을 대체할 수 있는 선발 수단이 요구되었는데, 그것이 바로 주택 설계이다.

　주택이라면 중후장대한 공공건축물과는 달리 클라이언트 수도 많다. 그래서 설계의 기회는 비교할 수 없을 정도로 많다는 점도 성공적으로 작용한다. 게다가 때마침 일본은 패전을 겪으면서 방대한 양의 주택을 필요로 했다는 배경도 있다.

　그러나 구마는 언제 어떻게 주택이 건축가계의 입계금으로 기능하게 되었는지에 대해서는 밝히지 않는다. 물론 특정 시점을 가리키는 것은 어렵지만 그래도 역사 전반에 거쳐 전후의 일본 건축사를 조감해나간다면 그 단서를 얻을 수 있을 것이다.

전후의 주택사

지금부터 전후의 일본 건축사(주택사)를 되돌아보면서 건축가와 주택의 관계에 대해서 이야기하고 싶다. 건축학자 후노 슈지布野修司(1949-)에 따르면 이에 관해서 다음의 세 가지로 분류된다고 한다.

〈공적인 주택 공급을 전제로 한 회로〉, 〈주택의 공업 생산화를 전제로 한 회로〉, 그리고 〈개별 주택 설계의 회로〉이다. 먼저 〈공적인 주택 공급을 전제로 한 회로〉에 관해서, 건축가는 전후의 압도적으로 부족한 주택에 대하여 기능적이고 안전한 공동주택의 설계를 의뢰받았다. 제2차 세계대전에서의 공습으로 일본의 도시 지역은 초토화되었다. 전쟁재해부흥원에 따르면 전국에서 전쟁 재해를 입은 도시는 120개로, 210만 호의 주택이 화재로 소실되었다. 개전 당시 전국 주택의 총 개수는 약 1,400만 호였기 때문에 그중 15%가 소실된 셈이다. 그 밖에도 강제 소개로 인해 철거된 주택도 약 55만 채였다. 게다가 해외로부터의 귀환자도 여럿 있어 1945년에는 420만 호의 주택이 부족했던 것으로 여겨진다.[2]

이러한 주택의 부족을 보완하기 위해 공용주택의 건설이 도모되었다. 평등성이라는 관점에서 전국 어느 지역에서나 동일한 수준의 주택을 공급하기 위하여 표준화된 방 배치가 요구되었다. 그렇게 1951년에 공영 주택의 표준 설계가 계획되었다. 도쿄대 요시타케 야스미吉武泰水(1916-2003), 건축학자 및 건축가에 의해 설계된 공단 주택의 〈51C형〉은 협소한 면적 안에서 식사와 취침의 분리가 가능해졌다. 51C형은 〈nLDKn개의 방과 리빙(L), 다이닝(D), 키친(K)〉라는 전후 일본 집합주택에 관한 방 배치의 프로토타입으로서 현대에 이르기까지 계속해서 큰 영향을 지닌다.

이어서 〈주택의 공업 생산화를 전제로 한 회로〉에 관해서는 이미 전시 때부터 구旧 일본군의 요청으로 군대가 단기간에 설영할 수 있는 경량화된 막사에 대한 연구가 진행되었다. 건축가들은 이러한 기술을 응용하여 전후에 가능한 한 저렴하게 양산할 수 있는 주택 개발을 추진하였다.[3]

전쟁이 끝난 뒤 건축가들은 저렴하게 양산할 수 있는 주택 개발에 정력적으로 임하기 시작했다. 예를 들어 이케베 기요시池辺陽(1920-1979)는 〈입체최소주택立体最小限住宅〉을, 마에카와 구니오前川國男(1905-1986)는 〈프리모스プレモス〉로 불리는 프리패브 목조주택개발에 주력했다. 또한 사카쿠라 준조坂倉準三(1901-1969)도 목조 주택의 개발을 실시했다. 이러한 연구의 성과는 건축가의 손을 떠나 머지않아 발흥한 주택 메이커에 계승된다.

작은 주택의 명작

이 책의 내용에 연관되는 것은 〈개별 주택 설계의 회로〉이며 가장 중요하다.

이미 말했듯이 부족한 주택의 확보는 국가의 매우 중요한 과제였다. 국가는 공영주택을 대량으로 공급하는 것이 아닌 사람들이 자력으로 주택을 취득하도록 하는 정책으로 그 방향을 바꾼다. 국가는 1950년에 주택금융공고법을 제정하고 특히 중산층을 대상으로 자력으로 주택을 확보할 것을 촉구하는 이른바 가택정책을 추진한다.

또한 한국 전쟁의 발발에 따른 특수 경기도 있어 공고대출을 통한 소주택 건설이 붐을 이루게 되는데 거기에 건축가가 적극적으로 관여하게 된다. 건축전문지인 『신건축』이 주최하는 공모전에는 젊은 건축가의 등용문으로 많은 응모가 접수되었다.

이러한 배경 때문에 종전 후인 1950년대는 건축가가 작은 주택의 설계에 매진하는 시기가 되어 수많은 명작을 탄생시킨다.

세이케 기요시淸家淸(1918-2005)의 《사이토 조교수의 집》(1952)은 완만한 경사 지붕과 개방적인 입면이라는 전통적인 일본 가옥의 정취를 풍기는 동시에 평평한 천장과 바닥으로 구성된 개방적인 공간을 실현했다.

건축하지 않는 건축가

　근대 건축의 거장 르 코르뷔지에로부터 가르침을 받은 요시자카 다카마사吉阪隆正(1917-1980)의 《우라 저택》(1956)은 철근 콘크리트로 된 주택이다. 거친 노출 콘크리트의 마감 벽면에는 그에게 가르침을 선사한 코르뷔지에의 영향이 보인다. 1층 부분을 필로티에서 분리시켜 주차장과 어린이들의 놀이터로 만들었다.

　전후 일본을 대표하는 건축가로서 활약한 키쿠타케 키요노리菊竹清訓(1928-2011)의 《스카이 하우스》(1958)는 철근 콘크리트 구조의 필로티가 있는 주택이다. 스카이 하우스는 1960년대 건축계의 큰 사상적 무브먼트였던 메타볼리즘*을 주도한 키쿠타케의 자택이다. 바로 위에서 보면 한 변이 약 10m의 정사각형이고 모든 각 변의 중심에는 벽처럼 생긴 콘크리트 기둥에 의해 땅에서 5m 정도 공중에 띄워져 있다. 이 주택은 부부 두 명의 주거를 위해 설계되었는데, 아이들이 태어난 뒤에는 필로티 부분에 아이들의 방을 매다는 형식으로 증설할 계획으로 만들어졌다.

　그러나 1950년대 건축가들의 이러한 활동은 이시야마 오사무石山修武(1944-)가 말한 "작기 때문에 가능한 합리성 및 기능성에 대한 흥미[4]"로 구동된 건축가들의 일시적인 붐이었을 뿐, 작은 주택의 설계가 건축가들의 중심적인 일로 인식되지는

* 신진대사를 의미하며 도시와 건축도 생물처럼 유기적으로 변화 가능하도록 디자인해야 한다는 메니페스토

않았다. 즉 주택이 건축가계의 주요한 베팅금이라는 공통된 인식은 없었다고 볼 수 있다. 사실 이러한 전위적인 작은 주택을 설계한 건축가 중 상당수가 이후에는 주택이 아닌 보다 큰 규모의 건축으로 그 무대를 옮겼다.

전쟁이 끝난 후부터 1950년대 초반까지 건축가들은 실험적인 공업화 주택 모델을 많이 제출했다. 또한 1950년대 이후 건축가들은 전후 민주주의에 어울리는 주택 모델을 제안하게 된다.[5] 이러한 움직임은 전후 모더니즘이라고 불리게 되며 그로부터 주택 산업의 모델이 되는 주택이 생기게 된다.[6]

시들어가는 주택에 대한 열기

1950년대를 거치면서 주택이란 건축가들에게 뜨거운 주제 중 하나였다. 그러나 얼마 지나지 않아 그 열기도 점차 식어갔다. 그 이유에 대해서 알아보자.

그중 하나는 건축가가 제시한 전위적인 설계가 압도적인 물량을 필요로 한 일반적인 주택의 이상적인 모습과 방향성에 대하여 무력했다는 점, 즉 건축가가 만드는 주택은 '특수해'였다는 점이다.

물론 〈DK다이닝(D), 키친(K)〉의 발명이나 모던 리빙의 보급, 게다가 공업화 주택의 개발 등 건축가가 전력을 다한 결과 거기서 나온 성과가 크게 활용된 사례도 있다. 그러나 이러한 적은 수의 사례를 제외한 많은 주택 작품은 이른바 '특수해'로서 건축가계나 건축 저널리즘 내부의 평가에 그치게 된다. 이러한 '특수해'가 만들어 낸 건축가의 입지는 그 이후에도 건축가의 정체성을 불안정하게 만든다.

이시야마 오사무는 건축학과를 졸업한 학생의 상당수가 주택업체에 취직한다는 사실을 언급하면서 "건축가가 작은 주택을 설계하는 것이 얼마나 의미가 있을까[7]"라며 소박한 의문을 제기한다. 그리고 그것에 대하여 다음과 같은 답을 내놓는다.

> 사회적인 힘은 거의 없다고 해도 좋다. 디자인의 예술성이나 창조성을 분산시켜 마을의 주택이나 상품화 주택에 어느 영향력을 선사한다고 생각하는 일은 타당치 못하다. 그것들은 명백히 다른 체계를 기초로 성립되어 있을 테니까.[8]

이시야마는 전위성이나 예술성을 전면에 내세운 '특수해'로서의 건축가 주택에는 현실을 변혁하기 위한 사회적 파워가 더 이상 존재하지 않는다고 말한다.

그 결과 "작은 주택은 건축가의 손아귀에서 벗어나 주택 메이커의 손에 넘어갔거나 혹은 여전히 동네 공무점*의 아저씨

• 특정 지역을 거점으로 건축 공사를 하는 비교적 작은 규모의 회사

나 목수의 손에 계속해서 맡겨지고 있다[9]"라고 말한다.

즉 전후의 특정 시기에 많은 건축가가 집중적으로 작업해 온 주택 설계의 경쟁은 일본인의 주거 생활을 풍요롭게 만들기 위한 훌륭한 성과를 이루어냈다. 그러나 그 성과는 1950년대를 거치며 성장한 주택 산업이 이어받았고 이후에 공업 제품으로서의 규격화와 상품으로서의 성숙도를 높여갔다. 즉 산업계의 논리로 주택이 만들어졌다.

주택 산업의 성장

그렇게 주택은 건축가의 손을 떠났다. 주택 산업은 고도 경제 성장 시대의 기세를 타고 크게 성장하면서 국가 주요 산업의 위치에 올랐다. 주택 산업의 상세한 내용에 대해 인쇄 사정상 쓸 수 없지만 이번 책의 테마와 중요하게 관련되는 토픽에 대해서는 언급하고 싶다.

1959년에 다이와 하우스 공업大和ハウス工業은 《미제트 하우스》를 발표한다. 미제트ミゼット란 당시 다이하츠 공업ダイハツ工業이 생산 및 판매하던 소형차의 이름이다. 그 이름을 딴 미제트 하우스는 마당에 짓는 것을 상정한 10평방미터(6조) 정도의 콤팩트한 건물이다. 용도는 공부방 등의 개인 사용을 상정했다. 판매 가격은 당시 금액으로 11만 8,000엔이었다. 장인이 조립하여 양도하는 계약이었기 때문에 이 금액에는 인

| 오기마치 공원에서의 미제트하우스 전시(다이와하우스 공업 제공)

건비도 포함되었다.

또한 1960년에는 세키스이 화학공업積水化学工業의 《세키스이 하우스 A형》이, 1961년에는 마츠시타 전공松下電工의 《마츠시타 1호형》 등이 잇따라 발표되면서 본격적인 조립식 주택으로 발전한다.

1962년에는 주택금융공고가 주택난 해소의 한 수단으로서 8개의 회사, 9개 타입의 조립식 주택을 융자 대상으로 인정한다. 1963년에는 주택금융공고로부터 인정받은 여러 회사의 조립식 주택이 《센리千里 뉴타운》에서 분양되기로 결정되는 등 1960년대를 거치면서 조립식 주택과 주택 산업은 그 존재감을 더해간다.

주택을 둘러싼 패러다임의 전환은 주택의 공업화가 된 타이밍이 아닌 상품으로서 유통되기 시작한, 공업품이 된 타이밍에 일어난다. 공장에서 건축 자재 및 부품이 만들어지고 현장에서 조립하는 주택의 등장은 일반인들에게 있어 주택이란 '짓는 것'이 아니라 '사는 것'이라는 의식의 변화를 촉구하게 된다.

보다 본질적인 변화는, 쉽게 말하면 주택이란 더 이상 짓는 것이 아니라 사는 것으로 변했다는 사실이다. 실제로 조립식 주택에 국한되지 않고 주택은 '바비 인형의 집'처럼 전시장이나 백화점에서 팔리게 되었다. 자신의 땅에 목수나 공무점에 의뢰하여 주택을 건설하는 일은 점차 줄어들고 분양주택의 형태가 일반적인 일이 되었다.[10]

실물을 전시하는 프로모션 활동은 매출에 큰 영향을 준다. 1963년에는 공업화 주택을 제조 및 판매하는 회사와 행정이 일체화된 조립식 건축 협회가 설립되어 전국 각지에서 주택 전시회를 추진해간다. 그것은 많은 사람을 동원하여 공업화 주택의 보급에 큰 영향을 주었다.[11] 미제트 하우스가 일본 내 주택 부지에 들어서지는 못했지만 '주택=상품'이라는 도식이 퍼지기 시작한 하나의 상징으로 기능한다.

주택에서 건축가의 역할은 끝났을까

이렇게 보면 주택에서 건축가의 역할은 전후의 짧은 기간 내에 끝이 난 듯 보인다. 핫타리야八田利也는 1958년에 발표한 『작은 주택, 안녕』이라는 논문에서 주택에 대하여 "설계 대상에 있어서 전위적인 역사라는 사명은 이미 끝났다. 문제로 삼을 만한 설계 대상은 더 이상 남아있지 않다[12]"라고 말해, 건축가계의 화제를 모았다.

그나저나 핫타리야라는 이름을 듣고 누군지 알아차린 독자는 건축 관계자를 제외하고는 별로 없지 않을까. 핫타리야는 단게 겐조의 제자인 이소자키 아라타磯崎新(1931-2022), 2019년 프리츠커상 수상, 이토 테이지伊藤ていじ(1922-2010), 카와카미 히데미츠川上秀光(1929-2011) 3명의 펜 네임이다. 이들은 핫타리야ハッタリ屋, 허풍 떠는 사람들라고도 부를 수 있는 재치있는 펜 네임을 사용하면서 대학원생 때부터 활발한 비평 활동을 전개했다.

허나 앞서 소개한 핫타리야의 의견에 대하여 독자로부터 많은 반론이 제기되었다. 그 반론은 "소주택이란 극소한 생활 공간이며, 더불어 본질적인 것을 요구한다", "아마 주거는 모든 건축의 근원일 것이다", "소주택은 설계에 대한 건축의 본질적, 기본적인 요소가 풍부하게 담겨있다"라는 내용이다.

이러한 반론을 제기한 것은 누구였을까.

주택이라는 생계수단

그것은 주택 설계를 중심으로 싸워나가는, 혹은 그럴 수밖에 없는 건축가들이었다. 건축가에게 주택을 다루는 작업은 개념상 소실되었을 것이다. 그러나 실제로 많은 건축가가 주택 설계에 임하고 있었다.

이에 대한 가장 큰 이유는 건축가 예비군의 대폭적인 증가에 있다. 전후에 들어서 건축을 배울 수 있는 대학의 수와 기존 학과의 정원이 늘어난 결과이다. 1967년 대학의 학생 수는 31만 명에 달해 1958년의 약 2배, 1938년의 약 8배의 인원으로 증가하였다.

대학의 정원 수가 늘어났다는 말은 거기서 배출되는 건축가 예비군의 수도 늘어났다는 의미이기도 하다. 이에 관하여 단게 겐조는 "일본 사회의 재기가 진행됨에 따라 전전의 지반을 발판으로 혹은 새로운 지반을 획득한 독립 건축가층은 아마도 일본 역사가 시작된 이후 최대의 수에 이르게 되었다[13]"라고 말했다.

애초부터 일본의 건축이란 서구풍의 건축, 특히 정부기관이나 대기업의 사무실 등 중후장대한 건축을 설계하는 일을 사명으로 한다. 하지만 이러한 건축물의 일의 수요는 제한적이다. 계속해서 증가하는 건축가에게 공급 가능한 충분한 양의 일을 확보하기 위해서는 그동안 건축가의 일로 여겨지지 않았던 대상에 매진할 수밖에 없다. 이러한 어쩔 수 없는 사정 또한 주택의 신격화(=입계금화)를 부추긴 요인 중 하나이다.

그렇게 일부 엘리트 건축가가 '취미'로서 (그렇다고는 해도 전력을 다해) 매진한 주택의 설계라는 일은, 계속해서 증가하는 차세대 건축가를 향한 먹고살기 위한 수단이 되었다. 핫타리야의 의견에 대한 반론은, 주로 이러한 주택 설계만으로 먹고살수밖에 없는 건축가들로부터 날아들었다.

그리고 제기된 어느 반론에 대하여 핫타리야는 신랄하게 재반박을 한다.

> 예기치 않게 태어난 이들의 공통된 의견은 설계가로서 오랜 기간 동안 길러 온 체험에서 우러난 의견이라는 점이 틀림없다. 혹여나 건축계획 제1교시 강의에서 들은 내용이 아니라고 할지라도 작은 주택 또는 주거의 설계 안에 존재하는 건축의 본질적인 것을 끄집어낼 수 있다는 점은 아마 누구도 의심할 수 없을 것이다. 여러 신들에 대한 축사에 뒤처지지 않는 하늘의 계시이다. 그것은 변소의 좁은 창에서 창문의 별을 우러러보며 우주의 전모와 상대성 원리를 득도할 정도로 위대한 일이다. 우리는 그 예지의 정도를 찬양하고 싶다.[14] (방점필자)

자신이 주장한 논리에 대해 반론을 제기한 사람들을 건축가라고 부르지 않고 '설계가'라고 부르는 등 핫타리야의 언설에 자비란 없다. "변소의 좁은 창에서 창문의 별을 우러러보며 우주의 전모와 상대성 원리를 득도할 정도로 위대한 일"이라는 대목은 대단히 통렬한 비아냥이다.

그러나 핫타리야의 이러한 반론도 주택을 주전장으로 하는 (할 수밖에 없는) 건축가들에게 더 이상 와 닿지 않는다. 왜냐하면 주택이란 이미 건축가가 해야만 하는 일이 되었기 때문이다.

주택은 예술이다?

핫타리야가 통렬한 비아냥을 담아 글을 쓴 이듬해부터 주택설계는 건축가가 해야 할 일이라는 목소리가 건축계의 중요한 인물로부터 나왔다. 그 주인공은 일본을 대표하는 건축가 중 한 명인 시노하라 카즈오篠原一男(1925-2006)이다.

시노하라는『주택은 예술이다』라는 논문에서 주택의 예술성과 그 특권성에 대해 다음과 같이 말한다.

> 주택은 예술이다. 오해와 반발을 무릅쓰고 이러한 발언을 해야 하는 지점에 우리는 서 있다. 주택이란 건축이라는 영토에서 벗어나 독립하는 것을 의미한다. 국적國籍은 회화나 조각 혹은 문학과 마찬가지로 예술이라는 공동체로 옮겨져야 한다. [15]

건축하지 않는 건축가

즉 주택이란 회화나 조각과 같이 아틀리에 안에서 생산되어 사회경제의 영향을 받지 않는 '(순수)예술'로서의 이상적인 모습이 가능하지 않느냐, 오히려 그것이 적합하지 않느냐라는 주장이다. 사회경제의 영향을 크게 받는 건축으로부터 독립하고, 개인인 클라이언트와 마주 보며 '예술 작품'처럼 주택을 만들어 가는 것이 좋다는 이야기이다.

이것만 읽으면 시노하라 카즈오는 사회에 등을 돌린 예술지상주의자인가 하고 억측할 것만 같다. 그러나 사실은 그렇지 않다. 이는 이 매니페스토에 이은 아래의 글을 읽으면 잘 알 수 있다.

한 가족으로부터 요구를 받고 특정한 조건에서 설계에 열중하고 프로젝트의 공사현장에 들어가 세세한 마무리에 신경을 쓰면서 완성을 지켜보는 우리의 일은 아무리 생각해도 정당한 건축생산이라는 것에서 벗어난다. 고도의 성장을 이룬 일본 경제가 요구하는 건축생산은 최근 몇 년 사이에 눈부신 발전을 이루었다. 빠르고 힘차게 흐르는 물줄기처럼, 계속해서 활동하는 건축생산의 주류에서 보면 주택 설계가 흐름에 떠오르는 포말처럼 여겨지는 것도 당연하다. 한 명의 건축가가 아무리 노력한들 그것을 계기로 우리 사회의 생산활동이 변할 거라고 생각하기는 어렵다.[16]

이를 읽으면 시노하라는 예술지상주의자가 아님을 잘 알수 있다. 주택이란 이미 국가 기간 산업 안에 편입되어 건축가 개인이 통제할 수 있는 수준을 훌쩍 뛰어넘어 버렸다. 건축가 개인이 임하는 주택 설계를 보잘것없는 '포말'이라고 표현하면서 자학적 경향을 나타내며 호소하고 있다.

시노하라의 매니페스토에 대하여 건축가 난바 카즈히코難波和彦(1947-)는 "주택을 테마로 삼은 건축가가 취할 수 있는 최후의 보루[17]"였다고 말한다. 또한 건축학자 후노 슈지는 사회적 역할을 상실했다고 여겨지던 당시 건축가의 모습에 대하여 "건축가에게 있어서 주택이 개별적인 관계성 안에서의 설계라는 지극히 개인적인 회로로 접근해야 하는 것이라면, 건축과 비슷할지언정 결국에는 다를 수밖에 없는, 자기 완결적인 세계를 충실히 만드는 것밖에 없고 또한 그렇게 해야만 한다[18]"라고 말한다.

즉 주택이 건축가의 일이 되기 위해서는 주택을 예술 작품으로서 사회 활동으로부터 분리시키고 폐쇄적인 세계 속에서 만들어 가는 방법밖에 그 표현의 가능성이 남아있지 않다는 것이 그들의 공통된 의견이다.

시노하라 카즈오의 영향

이러한 시노하라의 매니페스토에 권한을 이어받은(empowe

rment) 건축가로 이토 도요伊東豊雄(1941-), 2013년 프리츠커상 수상가 있다.

> 유토피아란 도시에 등을 돌린 작은 주택의 중심에서만 존재한다는 것이 시노하라 카즈오의 "주택은 영원한 예술이다"라는 메시지였고 우리는 그 말을 따를 수밖에 없었습니다. 즉 여태까지 건축가는 예술과 사회라는 두 가지 측면에서 주장해왔지만 그중 사회를 잃고 예술밖에 남지 않은 상황 속에서 도대체 무엇을 주장할 수 있을까라는 물음이 우리들의 시작이었습니다.[19]

이토는 시노하라가 심사위원으로 있던 공모전에 가작으로 입상하여 시상식장에서 처음으로 시노하라를 만났다고 알려져 있다. "시노하라 카즈오와의 직접적인 만남을 통해 내가 지녔던 내성적인 공간으로의 지향이 한층 더 박차를 가하게 되었다[20]"라고 말했다.

시노하라의 매니페스토는 큰 반향을 일으켰고 이에 전념하고자 하는 이토와 같은 건축가도 등장하게 되었다. 그러나 순수 예술로 주택을 내폐하고자 한 시도는 결국 주류가 되지는 못했다.

예술을 실현하는 건축가를 위해서 비싼 돈을 지불하는 클라이언트가 애초에 적다는 사실에 더하여 무엇보다 건축가가 주택의 설계에 몰두해야만 하는 새로운 주제를 발견했기 때문이다. 그 주제는 과연 무엇이었을까.

<도시에 살다>라는 주제

고도 경제 성장 시대를 경험하면서 도시로의 인구 집중은 가속되었다. 수도권의 인구는 1950년에 약 1,300만 명, 1960년에는 약 1,800만 명이 되었다. 게다가 1970년에는 약 2,400만 명에 달했다. 1950년부터 1970년까지 20년 동안 무려 1.8배까지 인구가 증가한다.[21]

이는 수도권에서만 20년간 1,100만 명의 사람들이 새로이 대도시와 그 근교에 살았음을 의미한다. 도시에 사는 사람들의 주거는 <공단주택>의 건설과 <교외형 뉴타운>의 개발을 통하여 대량 공급이라는 형태로 진행된다. 한편 도심의 단독주택에서 거주하는 방안도 모색되기 시작한다.

예를 들어 니시자와 후미타카西澤文隆(1915-1986)는《정면이 없는 집(正面のない家)》(1960)이라는 주택을 발표한다. 이 주택은 부지 주위를 높은 벽으로 둘러싸고 벽 내부에 중정을 설치하는 방식인 코트하우스의 선구자로 알려진 주택이다.

또한 아즈마 타카미츠東孝光(1933-2015)는《탑의 집》(1966)을 발표한다. 약 6평의 도심 협소지 부지에 들어선 철근 콘크리트 주택은 아즈마의 가족(부부 2명과 자녀 1명)을 위해 설계되었다.

1층은 차고와 현관, 2층은 거실, 3층은 화장실과 목욕탕, 4층은 침실, 그리고 5층은 어린이실과 테라스이다. 각 층에는 문이 없어 말하자면 입체적인 원룸이라고 할 수 있다. 개구부

| 탑의 집(Wikipedia)

와 바람막이를 효과적으로 이용함으로써 실내에 있으면서도 사계절 풍경의 변화와 바람의 움직임 등을 느낄 수 있다는 의미로 만들어졌다. 이러한 의미는 '도시에서 얼마나 풍요롭게 살 것인가'라는 테마를 추구한 결과로 탄생한 것이다.

이처럼 1960년대를 거치면서 건축가들은 '도시에서 풍요롭게 산다'라는 테마를 발견한다. 그것은 합리적, 효율적으로 많은 사람을 도시에 거주하도록 돕는 〈공단주택〉이나 〈맨션〉이라는 테마에 정면으로 대치하는 것이었다. 그러나 이 대립구도는, 반대로 건축가의 존재 의의를 높이는 결과가 되었다.

서민용 도시주택이라고 할지라도 판잣집처럼 날림공사로 만들어진 집도 많다. 오사카에는 연립 주택이나 문화주택이라고 불리는 도시주택이 지금도 많이 남아있지만 주택으로서 뛰어난 성능을 한다고는 결코 말할 수 없다. 건축가들은 도시에 사는 것이 편리성과 풍요로움의 상쇄효과(trade-off)가 아니라는 것을 60년대에 발표된 주택을 통해 되묻는다.

그렇게 예술 작품으로 내폐된 것이 아닌 건축가 주택을 통해서 다시금 사회적 테마에 관여할 수 있는 기회가 도래하였다.

안도 다다오의 해답

〈도시에 살다〉라는 주제로 가장 참신한 해답을 제시한 건축가 중 한 명이 바로 안도 다다오安藤忠雄(1941-),1995년 프리츠커상 수상이다.

안도는 1972년에 『도시 게릴라 주거』라는 논문과 컨셉 모형을 발표한 적이 있다. 도시 게릴라 주거란 《게릴라 I 》(1972)카토 저택(加藤邸), 《게릴라 II 》(1971)코바야시 저택(小林邸), 《게릴라 III》(1973)토미시마 저택(富島邸)로 구성된 세 채의 주택 계획의 총칭이다. 이것들은 가공의 주택이 아닌 모두 클라이언트로부터 의뢰를 받아 실현된 주택이다. 참고로 《게릴라 III》는 이후에 안도가 매입 후 중개축을 반복하여 안도 다다오 건축 연구소의 사무소로서 현재에 이르고 있다.

안도가 말하길 이들 도시 게릴라 주거는 "이미지로서의 게릴라 아지트"라고 한다. '게릴라 아지트' 같은 흉측한 말을 써 가면서까지 안도가 주택을 통해서 표현하고자 했던 것은 무엇일까. 작품과 동시에 발표된 논문을 검토해 보자.

어설프고 위선적인 커뮤니티 이론보다 그럼에도 그러한 도시에서 정착해서 살고 싶어하는 사람들의 의지와, 그 시점에 존재하는 유일한 해결책을 더욱 효과적으로 흡수하는 편이 훨씬 땅에 닿은 행위이지 않을까. 그리고 세 지역 모두, 외부 환경의 열악화 때문에 (중략) 세 개의 주거에 대한 우리들의 테마는 외부 환경에 대한 '혐오'와 '거절'의 의사표시로서 파사드를 버리고 내부 공간의 충실화를 목표로 함으로써 거기에 작은 우주(micro-cosmos)를 출현시키고 새로운 리얼리티를 그 공간에서 찾는 것이다. (중략) 비인간적인 환경에 대하여 가능한 한 호인적인 촉수를 거부하고 이들 세 가지 주거의 입지환경을 만들어낸 그 반전의 방식이며 무취미에, 영혼이 확산된, 통속적인 구성주의 양식으로 균일화하는 백색의 근대건축에 대한 소소한 저항과 원념을 상징하는 검은 외피로 포장된 이 건축들은 외계로부터 뻔뻔스럽기도 하고 번거롭기도 한 다양한 요인을 차단한 이른바 〈PACKAGED ENVIRONMENT〉를 목표로 한다고 할 수 있다.[22]

이 매니페스토를 읽고 느낀 점은 안도가 도시에 대해 가지는 이미지가 상당히 나쁘다는 것이다. '외부 환경의 열악화', '외부 환경에 대한 혐오와 거절', '비인간적 환경', '외계로부터 뻔뻔스럽기도 하고 번거롭기도 한 다양한 요인' 등 도시 환경에 대해 이래도 될까 싶을 정도로 부정적인 어휘를 늘어놓는다.

안도의 이 주택들은 60년대에 등장한 도시 주택의 영향을 받았으며 그 연장선에 있다. 노출 콘크리트의 외벽은 아즈마 타카미츠의 《탑의 집塔の家》의 계보를 계승하며 주위를 벽으로 둘러싸 내부와 외부를 명확하게 구분하는 기법은 니시자와 후미타카 이후의 코트하우스 방식을 답습했다. 안도는 여기서 사용한 방식을 응용하면서 계속해서 새로운 작품을 만들어간다.

앞 장에서도 자세히 이야기했지만 안도의 뛰어난 점은 이러한 사회적 주제에 흔들림 없는 신념을 대치시키면서 작품의 완성도 또한 높여갔다는 점에 있다. 안도 건축의 트레이드마크로 알려진 것은 뽀득뽀득 소리가 날 정도로 반짝반짝 손질된 노출 콘크리트의 텍스처이다. 건물 가장자리 부분은 손끝이 닿으면 상처가 날 정도로 날카롭다.

안도가 만드는 이러한 콘크리트는 '장인의 곡소리'로도 잘 알려져 있다. 곰보(표면의 거침)나 크랙(균열)이 생기거나, 예상했던 모서리가 나오지 않으면 가차 없이 다시 만들도록 시킨다고 알려져 있기 때문이다.[23]

또한 안도는 건축의 형태에 삼각형과 원, 타원과 같은 기하학적인 요소를 즐겨 도입한다. 이러한 형태는 쓸 수 없는 공간(dead space)이 생기기 때문에 방 배치에 있어서 무척 사용하기 어렵지만 그럼에도 기하학적인 요소를 도입하는 이유에 대해 안도는 기하학이란 인류의 뛰어난 지혜의 상징이기 때문에 즐겨 사용한다고 말한다.

이렇게 예술성을 앞세운 듯한 표현이 담긴 안도의 주택은 '도시에 살다'라는 사회성을 가진 테마가 그 바탕이기 때문에 독선적인 예술 작품으로 쇠퇴하는 일은 없다. '도시에 살기 위한 주택 조성'이라는 사회적 의의가 담보되는 이상, 안도의 주택이 가지는 추상적인 예술성은 예술성 그 자체에 내폐되는 것이 아닌 반대로 추상화된 사회성을 가진 물음으로서 사회에 되돌아오는 것이다.

과격해지는 건축작품과 노부시 세대

'도시에 살다'라는 테마는 건축가에게 주택과 관련된 대의명분을 제공했다. 이로써 건축가의 주택 작품에 사회적 의의를 부여하고 예술성으로 폐쇄될 뻔한 회로를 우회하는 데 성공한다.

 1970년대에 들어서면서 노부시 세대로 불리는 건축가들은 백화요란의 주택 작품을 만들어낸다. 노부시 세대란 1940년대생 건축가를 가리킨다. 안도 다다오(1941-), 이토 도요(1941-), 모즈나 키코우(1941-2001), 롯카쿠 기조(1941-2019), 이시야마 오사무(1944-)…. 1940년대생인 이들에게 노부시라고 이름 지은 것은 그들보다 한 세대 위의 건축가, 마키 후미히코槇文彦(1929-)이다.

 노부시라는 별명의 유래는 자산가나 권력자와 같은 후원자의 품에 안겨 그들이 주문하는 건축을 설계했던 전전의 건축가와는 달리, 후원자 없이 디자인 실력만으로 승부에 도전하려는 자세가 마치 주군을 갖지 않는 노부시와 겹친다는 점에서 비유되었다. 이 책의 논지를 끌어들여 바꾸어 말하자면 건축가로서의 아비투스는 있지만 자본(특히 경제자본, 사회자본)이 극히 적은 상황임에도 불구하고 건축가계에서 탁월화를 이루

건축하지 않는 건축가

고자 하는 야심을 지닌 자들을 말한다.

노부시라고 이름을 지어준 부모와도 같은 마키는 건축 잡지사 『신건축』의 의뢰로 전국을 돌아다니며 노부시가 설계한 주택을 취재한다. 그리고 거기서 새로운 시대가 출현할 것이라고 예감하고 난 뒤 아래의 에세이를 적는다.

노부시들은 예술(디자인)에 열심이다. 그렇기에 자신의 재주를 탁마하는 일을 절대 게을리하지 않는다. 그것이 주인을 가지지 않는 그들의 유일한 정체성이자 생명의 양식이기 때문이다. 그들 자신이 가장 잘 안다. 클라이언트의 이야기를 들어보면 그들은 무보수에도 불구하고 멀리 떨어진 곳까지 건물 감리를 위해 나서면서 열심히 건물을 만드는 모양이다. 이에 모두가 한결같이 놀라워하며 감사하게 생각한다. 점점 설계를 하청에 넘기거나 건설사에 도면 작성을 맡기는 일이 당연시되는 요즘, 이러한 정신은 매우 귀중하며 약간 이상한 것이 완성된다 할지라도 그 의욕만큼은 높이 평가해야 한다. 어쩌면 옛날에 사람에서 사람으로 전해 내려온 이야기라고 알려진 노부시라는 존재가, 요즘에는 매스컴보다 더욱 효과적인 수단에 의존하고 있는 것 같다. 물론 이것도 하나의 생존방식이다.[24]

1960년대를 거치면서 주택 작품은 패독(=건축가계 하위계)에

속해 있는 젊은 건축가들의 베팅금으로 정착했다. 그렇게 되면 젊은 건축가의 대부분은 패독에서 주목받기 위해 더욱 주목도가 높은 주택을 설계하고자 혈안이 되고 만다.

게다가 앞서 인용한 부분에서 마키는 마지막으로 "요즘은 메스컴보다 더욱 효과적인 수단에 의존하고 있는 것 같다"라고 말한 것처럼 당시의 건축 잡지나 기타 미디어는 젊은 건축가의 주택 작품을 빠짐없이 다루었다. 니시야마 우조西山夘三(1911-1994)는 "치열해지는 건축가들의 생존경쟁 속에서 주택이란 가장 만만한 바겐 세일을 알리는 애드벌룬[25]"이라고 말했다.

노부시 세대의 주택 작품

노부시 세대의 주택 작품은 미디어가 관심을 가질 만한 화려한 외관을 지니며 건축가가 직접 유창한 해설을 더하기도 한다.

먼저 화려한 외관을 지닌 작품으로서 롯카쿠 기조의 《가상의 집》, 모즈나 키코우의 《반주기》, 이시야마 오사무의 《환암》이라는 주택에 대해서 알아보고자 한다.

가장 먼저 소개할 작품은 1970년에 발표된 롯카쿠 기조六角鬼丈(1941-2019)의 《가상의 집家相の家》이다. 여기서 가상家相*이

- 인간이 사는 집과 집터의 길흉을 연구하는 점술

란 점술의 한 종류를 말한다. 즉 주택의 배치, 방위, 방의 배치 등에 길흉이 있다고 주장한다. 예를 들면 북동쪽에 화장실이 있으면 재수가 없거나, 부엌은 북서쪽에 있어야 좋다든가 하는 식이다.

이 가상의 집은 정사각형의 평면 안에 12각형의 가상반家相盤을 배치하고 그곳을 기점으로 좋다고 생각되는 길吉 방위에 적합한 방과 설비를 배치한다. 가구의 배치나 커튼의 색상 등에서 가상을 신경 쓰는 사람은 나름대로 있을 것이다. 그러나 전문적인 건축가가 가상이라는 비과학적인 요소를 전면으로 도입한 주택 작품은 보기 드물다.

이 작품은 가상을 강하게 고집한 클라이언트의 요구에 일부러 전면적으로 화답함으로써 어떤 표현이 가능한지를 시도한 아이러니한 작품이다. 롯카쿠는 이 가상을 앞세운 주택 작품을 베팅금으로 제출한다.

다음은 모즈나 키코우毛綱毅曠(1941-2001)의 《반주기反住器》(1972)라는 제목의 주택 작품을 살펴보도록 하자. 홋카이도北海道 구시로시釧路市에 지어진 이 주택은 모즈나의 어머니가 거주하기 위한 목적으로 지어졌다.

반주기는 한 변이 8미터인 흰색의 입방체이다. 그 입방체 안에 4미터의 입방체를 다시 내포한다. 그리고 그 안에 더 작은 입방체가 있는 대중소 3개의 입방체로 구성되는 주택이다. 모즈나는 자신이 관심을 가졌던 진언밀교真言密教의 만다라曼茶羅를 단서로 이 주택을 만들었다고 한다.

| 반주기(彰國社 사진부 제공)

이시야마 오사무, 《환암》

다음은 이시야마 오사무石山修武(1944-)의 《환암幻庵》(1975)이다. 언뜻 보면 주택이라기보다 전위 예술가가 만든 거대한 오브제처럼 보인다. 골강판이 건축 재료로 사용되는 점이 특징이다. 골강판이란 토목 인프라에서 폭넓게 사용되는 건축 재료이다. 따라서 현장에서 볼트로 조립할 수 있어 범용성이 높다는 특징이 있다.

이시야마는 이러한 공업 제품을 사용하여 주택을 만들었다. 65장의 골강판을 사용했고 총 중량은 4.7톤에 달한다. 그리고 그것들을 1,400개의 볼트를 사용하여 조립하였다. 그래서 이 주택의 구조는 나사식 실린더 구조로 소개된다.

보기에도 큰 임팩트를 남기는 외관의 주택인지라 그 내실은 변변찮을 것처럼 보이지만 사실 이시야마의 사상이 잘 반영된 주택이다. 미디어가 관심을 가질 만한 훌륭한 외관으로 먼저 사람들의 주목을 끌고 "뭐야, 이건!"이라며 흥미를 느낀 잡지의 독자는 더욱이 그 디테일을 주시한다. 이러한 과정을 통해 보통이라면 주택에 어울리지 않을 법한 공산품의 집적으로 건축이 만들어졌다는 사실을 독자는 깨닫게 된다.

여기까지 끌려온 독자들은 이미 이시야마 오사무의 계략에 푹 빠져 버린다. 더욱 깊이 알고 싶다면 이시야마가 집필한 흥미로운 논고를 얼마든지 찾을 수 있다. 그런 이시야마가 동시대 주택에 대해 가졌던 가장 큰 우려는 가격이다.

> 일본의 주택을 보면 마지막에 도달하는 것은 어처구니없는 땅값과 그 땅에 지어지는 집의 더욱더 어처구니없는 집값이다. 디자인의 문제, 건설 기술의 문제 때문이라고 생각해보아도 결국에는 비정상적인 집값이 다양한 시도와 기술적 축적을 무의미하게 만들고 만다.[26]

독자들은 환암을 통해서 "주택이란 맘만 먹으면 직접 지을 수 있다", "집은 너무 비싸다"라는 이시야마의 메시지를 받아들이게 되었다.

이토 도요, 《알루미늄의 집》

노부시 세대는 이시야마처럼 주택과 언설이 일체된 작품도 많이 만들어냈다. 그러한 작품의 예시로 이토 도요伊東豊雄(1941-), 2013년 프리츠커상 수상의 데뷔작인 《알루미늄의 집》(1971)에 대해서 알아보고 싶다. 가나가와현神奈川県에 지어진 이 주택은 알루미늄의 집이라는 이름과는 달리 알루미늄은 외벽에만 사용되었을 뿐 실은 목조 주택이다.

이토는 외벽에 알루미늄을 사용한 이유에 대해 "기와보다는 철이나 알루미늄을, 자연목보다는 합판과 같이 나는 항상

내 주변에 특색을 더하는 소재를 고르고 싶다"라고 말한다.[27]

도무지 클라이언트를 위해 재료를 선정했다고는 생각할 수 없는 발언이다. 이어서 이토는 "그럼에도 불구하고 태양이 둔탁하게 빛나는 알루미늄의 감촉에 강하게 끌렸다[28]"라며 알루미늄의 둔탁한 빛을 좋아한다는 개인적 취향에 따라 알루미늄이라는 재료를 골랐음을 고백한다.

이토는 비용 문제로 얇은 알루미늄을 사용했지만 원래는 더욱 두꺼운 알루미늄으로 지붕을 만들고 싶었다고 말하면서 본래 알루미늄의 집의 모습을 이렇게 몽상한다. "시간이 지나면서 이 알루미늄이 광택을 잃었을 때의 모습을 떠올리면 빛의 반사를 통한 울퉁불퉁한 요철은 마치 양철로 둘러싸인 전후의 막사 주택과 어딘가가 연결되어 있음을 느끼게 하는데 나는 오히려 애착을 느낀다[29]"라고 말한다.

클라이언트가 비싼 비용을 지불하고 지은 주택을 전후 화재로 폐허가 된 부지에 세워진 막사에 빗대는 등 클라이언트의 기분을 거스를 만한 어투를 사용했다. 만약 독자 여러분이 이 주택의 클라이언트라면 어떠한 기분이 들까. 내가 클라이언트라면 까불지 말라고 말하고 싶은 정도이다.

이처럼 데뷔 당시의 이토는 과격한 언설을 자주 드러냈다.

극성맞은 엄마가 아이에게 과외 교사를 붙이는 방식 같은 설계자와 클라이언트의 관계는 믿을 수 없으며 클라이언트의 깊은 이해 덕분에 이 건물이 완성되었다는 식의 이야기도 나는 그다지 믿지 않는다. 본래 건축가가 그렇게 휴머니스트일 리도 없고 상대방 또한 그렇게 생각할 리 없기 때문이다. 나는 내가 설계한 주거공간이 거주자들과 관계하고, 충돌하고, 파괴되고, 철저하게 재구성되는 과정을 응시하고 또한 그 과정에 나도 발을 들여놓아야만 새로운 설계에 대한 생기를 찾을 수 있다고 생각한다. [30]

여태까지 계속해온 이야기에서 이토가 의도하는 바를 알 수 있다. 그것은 바로 '클라이언트 워크로부터의 탈피'이다. 주택(건축도 그렇지만)의 설계라는 일은 클라이언트로부터의 의뢰가 없으면 성립할 수 없다. 그러나 클라이언트의 주도하에 프로젝트가 진행된다면 건축가의 직능이 발휘되기는 어렵다.

이토는 "클라이언트의 다양한 감상과 클레임이 지금 내가 위치한 곳에 밀려와 이곳에서 생활하는 사람들과의 새로운 충돌이 시작되고 있다"라고까지 말했다.

마치 클라이언트로부터의 클레임을 미리 예상한 후에 오히려 환영하는 듯한 어투이다. 일부러 노골적인 악의를 드러냄으로써 클라이언트의 취향으로부터 자유로운 건축가상을 어필하고자 했는지도 모른다.

안도 다다오, 《스미요시 연립 주택》

다음은 안도 다다오安藤忠雄(1941-), 1995년 프리츠커상 수상의 재등장이다. 현대 일본에서 가장 유명한 건축 중 하나인 《스미요시 연립 주택》(1976)을 살펴보자. 이는 안도의 출세작이자 단독 주택으로는 처음으로 일본건축학회상을 받은 기념적인 작품으로도 잘 알려져 있다.

스미요시 연립 주택은 철근콘크리트 구조로, 2명의 부부를 위한 2층짜리 주택이다. 부지 면적은 약 17평(57.3평방미터), 건축 면적은 약 10평(33.7평방미터)이다. 원래는 세 채의 연립 주택이 들어서 있던 곳이다. 그 가운데의 가옥을 철거한 장소가 부지가 되었다. 이 주택의 개요에 대해서는 안도의 말을 인용하고 싶다.

> 스미요시 연립 주택은 과밀한 도시 환경 속에 있으며 외부를 향해 열린 창문은 없다. 밖에서 보면 폐쇄적이고 단순한 형태의 네모난 상자로밖에 안 보이지만 이 상자를 삼등분한 가운데는 중정으로 하늘이 뚫려 있다. 양옆에는 이웃집이 접해 있어 쓸모없다고 여겨지는 중정이지만 이 주택의 생명이라고 할 수 있다.[31]

앞서 언급한 도시 게릴라 주거에서 사용한 컨셉과 노출 콘크리트의 표현을 한층 더 세련되게 만들고 만반의 준비를 다한 뒤 세상에 내놓은 것이 바로 스미요시 연립 주택이다.

| 스미요시 연립 주택(Wikipedia)

건축하지 않는 건축가

안도는 도시 게릴라 주거 이후 이미 10채 정도의 주택을 준공하여 패독에서는 그럭저럭 이름이 알려지게 되었다. 그러나 강적들이 꿈틀거리는 패독에서 벗어나 본선 레이스(=건축가계)로 데뷔하기란 여간 어려운 일이 아니다.

그렇다고 언제까지 패독 안에 있을 수는 없다. 안도는 더욱 과격한 작품을 베팅금으로 제출하면서 패독을 벗어난 본선 레이스로의 승격을 시도했다.

도시 게릴라 주거라고 칭한 3개의 주택은 60년대의 도시 주택을 답습한 것이다. 사진과 도면을 보아도 특별히 새로운 요소는 없다. 용맹스러운 매니페스토에 비하면 온순한 인상을 부인하기 어렵다. 패독에서 벗어나기 위해 안도에게 필요한 것은 더욱 과격한 '진짜 게릴라 주택'이었다.

이는 추측이지만 도시 게릴라 주거가 유명세를 탔기 때문에 진짜 도시 게릴라 주거를 세상에 내놓으려는 야망이 있었을 것이다. 그것이 안도의 미래를 여는 큰 도박이 될 거라고, 아마 안도 자신도 자각하고 있었을 것이다.

그래서 안도는 건물 일부가 비바람을 맞는 옥외로 구성된 스미요시 연립 주택을 베팅금으로 삼았다. 신인 건축가가 거둘 수 있는 베팅금의 회수율은 낮다. 베팅금의 회수율을 높이려면 그 작품에는 기존의 틀을 파괴할 정도의 기세가 있어야 한다. 안도는 그것을 잘 알고 있었다.

패독의 논리

안도를 포함한 노부시 세대의 건축가들은 '도시에 살다'라는 사회적 의의를 담보로 하여 주택을 통해서 자신의 신념과 예술성을 구현하였다. 그들을 부추긴 것은 패독의 논리이다. 그들은 패독에서 베팅금 만들기(=주택의 설계)에 모든 힘을 쏟고 난 뒤 그곳으로부터 재빨리 벗어나 본선 레이스인 건축가계에 입계하는 것을 목표로 삼았다.

이를 뒷받침하는 증언이 있다. 건축역사가 스즈키 히로유키鈴木博之(1945-2014)는 그의 저작 『현대 건축가』(1982)에서 당시 40대인 젊은 건축가에서 중견 건축가로의 이행기에 접어든 이토 도요, 모즈나 키코우, 롯카쿠 기조 등을 취재하였다.

> 생각해보니 몇 년 전만 해도 이들은 주택 작품 속에 자신의 발상을 새기던 건축가들이었다. 모즈나 키코우의《반주기》, 롯카쿠 기조의《이시구로 저택石黒邸》(1986), 조 설계집단象設計集團의《도모 세라칸트ドーモ・セラカント》(1975), 이토 도요의《나카노 혼마치의 집中野本町の家》(1976)은 각각 자신만의 수법을 극한으로 끄집어낸 주택 작품이다. 그들이 설계한 주택은 확실히 발언을 위한 매체였다. 그러나 이들은 어느 누구도 주택 작가의 길을 걸으려 하지 않았다.[32]

건축하지 않는 건축가

바로 그렇다. 어느 누구도 주택의 설계로 끝낼 생각은 없다. 이들에게 주택 작품이란 어디까지나 통과점에 불과하고 패독에서 본선 레이스에 출전하기 위한 베팅금이다.

그들은 여기에 열거된 주택 작품을 베팅금으로 제출한 결과 패독에서 충분한 존재감을 보여주는 데 성공했다. 이들은 건축가계에서 충분히 인정받아 기예의 젊은 건축가라는 위치를 차지할 수 있었다. 이는 본선 레이스의 진출 자격을 얻은 것과 같다.

사실 스즈키 히로유키가 이들을 취재한 1979년 당시, 이들은 이미 본선 레이스에 진출하기 위한 다음의 베팅금을 준비하는 단계에 있었다.

사무실을 방문했을 때 각각의 건축가들이 진행하던 작업의 몇 가지 모형을 볼 기회가 있었는데 모즈나의 《에이쇼지永正寺》, 롯카쿠의 《금광교의 교회金光教の教会》, 조 설계집단의 《진수관進修館》(1980)이라는 사이타마현埼玉県의 어느 마을의 커뮤니티 센터 그리고 이토의 《PMT 빌딩》(1978)까지. 그 외에 도시에서의 작업이나 일본 항공(JAL)의 오피스 인테리어 등 모두가 큰 스케일의 작업이었다.[33]

그들은 주택 작품을 발표한 후에 한층 더 높은 회수율의 베팅금을 준비하는 단계에 있었던 셈이다.

구마 겐고의 경고

1970년대 건축가들의 다양한 주택 작품의 시도에 대해 그 아래 세대인 구마 겐고隈研吾(1954-)는 씁쓸하게 바라보고 있었다.

구마는 노부시 세대의 주택 작품에 대해서 "많은 클라이언트의 생활이 그 혁명적 행위의 희생양이 되었다[34]"라고 논란을 제기한다. 각각의 건축가들이 만드는 주택은 비평 섞인 언설로 겹겹이 장식되어 있지만 그 속내는 자신의 탁월화에 도움이 되는 패독에서의 베팅금이라는 점을 구마는 간파하고 있었다.

건축가에게 주어진 '도시에 살다'라는 주제는 건축가의 주택 표현에 사회적 의의를 부여하면서 자신의 예술 표현을 위한 주택 만들기의 면죄부로 작용했을 것이다. 그러나 '도시에 살다'라는 주제가 전제 조건으로 자리 잡은 나머지, 면죄부로조차 의식되지 않게 되었다. 심지어 패독에서의 성공을 노린 베팅금이 뭐가 나쁘냐고 정색하고 있는 느낌마저 맴돈다.

1970년대에 노부시라고 불리는 세대가 패독으로 유입되면서 그 풍조는 현저해진다. 건축 및 주택 미디어도 더욱 과격한 작품을 선호했다. 그것은 때때로 많은 사람들이 바라는 주택에 대한 요망(쾌적함, 안전성, 저비용 등)을 희생시켰다.

구마는 "주택의 평면 자체가 사회의 본질과 어디까지 관련되어 있는지를 먼저 따져봐야 한다"라고 말했다. 그러면서 주택의 평면 계획(플랜)에서 혁신성을 추구하는 행위 자체가 사회성과 거리가 먼 실천이라고 지적한다.

이것은 주택 작품이 패독 내에서 탁월화를 위한 게임의 베팅금으로만 기능하고 있는 것에 대한 통렬한 경고였다.

마무리하며

이번 장은 건축가의 탁월화를 위해 주택이 어떠한 위치에 있었는지에 대해 알아보는 것이 그 목적이었다.

전후의 일본은 공습으로 인한 화재로 집을 잃은 사람들을 포섭하기 위해 방대한 수의 주택을 필요로 했다. 많은 양의 주택을 효율적으로 공급하고자 건축가는 지혜를 짜냈다. 그 결과 많은 걸작의 주택을 공급할 수 있었다. 〈nLDK〉라는 프로토타입이나 주택의 양산화를 목표로 한 공업화 주택 모델 등 다양한 주택이 건축가에 의해 만들어졌다.

메이지明治(1868-1912) 시대 이후 건축가의 본래 업무는 청사나 기업의 사옥 등 규모가 큰 건축 설계였다. 그 결과 주택의 설계는 건축가 본류의 일로 여겨지지 않았다. 이러한 배경 때문에 건축가가 주택 설계에 종사하는 것은 전후 주택난을 극복하기 위한 일시적인 시도로 여겨졌다. 그래서 건축가가 개발한 주택의 생산과 공급은 주택 회사가 이어받게 된다.

그러나 그 후에도 건축가는 주택에 계속해서 관여했다. 전후에 건축학과가 대폭 늘어남에 따라 건축가 예비군이 대거 배출되었다. 그들은 우선 주택 설계부터 시작했다. 주택의 설계로 이름을 날리고 건축가계에 데뷔하는 사람들이 등장하기 시작하면서 주택 설계는 젊은 건축가들이 힘을 겨루는 무대가 된다. 이후에도 주택은 젊은 건축가들의 패독으로 기능하면서 건축가계의 등용문으로 정착하게 된다.

하지만 1960년, 전후에는 주택업체들이 공급하는 압도적인 양의 주택을 앞에 두고 건축가들이 지혜를 짜내고 공을 들여 설계한 주택이 과연 얼마나 사회에 임팩트를 줄 수 있겠냐는 자기비판이 쏟아지기 시작한다.

시노하라 카즈오는 이러한 논의를 뒤로하고 사회적인 효용이나 임팩트와는 무관한 장소에서 그 표현을 추구하는 길도 있다고 논했다. 시노하라는 '주택은 예술이다'라는 매니페스토를 앞세워 주택을 예술의 범주에 포함시킴으로써 그것을 실현시켰다. 그 결과, 초기에는 이토 도요와 같은 추종자를 낳았으나 본류가 될 수는 없었다.

한편 1960년대 후반 이후 도시를 향한 인구집중이 가속화되고 도시 지역의 거주 환경 개선이 시급한 과제로 대두되자 건축가들은 이에 맞서 싸우기 위해 '도시에 살다'라는 주제를 발견하고 도시 주택 설계에 임하게 된다.

1970년대 들어 패독에 몰려든 다사제제의 노부시 세대에 의해서 '도시에 살다'를 위한 주택이 차례차례 발표되었다.

건축가에게 주어진 '도시에 살다'라는 주제는 갈수록 자기표현을 원하는 건축가들의 면죄부가 된다. 건축가들은 '도시에 살다'라는 주제를 다양하게 해석하였고 이로써 아크로바틱한 구조와 기발한 디자인을 가진 주택들이 잇따라 등장한다. 이러한 주택은 클라이언트 생활의 쾌적함보다 작품으로서의 완성도를 높이는 것을 우선시하는 경향이 있기 때문에 건축가의 이기심으로 평가되기도 한다.

건축가가 주택에 힘을 쏟은 이유는, 그렇게 함으로써 사회와의 관계를 맺었기 때문이라기보다 그것이 패독을 향한 베팅금이 되어 본선 레이스(=건축가계의 데뷔)를 위한 티켓으로 자리매김했기 때문이다.

그러나 시대의 흐름은 본선 레이스의 존재를 위태롭게 만들었다. 이에 대해서는 다음 장에서 자세히 살펴보자.

건축가를 향한 이상적인 자세의 변화

1970년대 이후로 후기 근대라는 시대가 도래한다. 이를 계기로 건축가를 향한 이상적인 자세가 크게 바뀌며 결국 건축가는 전문가로서 불안정한 위치에 내몰리게 된다. 사회와의 관계를 되찾기 위해 건축가는 익명이 아닌 얼굴을 비추는 방식을 선택한다.

후기 근대란 어떤 시대인가

시노하라 카즈오篠原―男(1925-2006)의 〈주택은 예술이다〉라는 매니페스트는 일부 건축가를 향한 사회로부터의 철퇴 및 예술 표현에 대한 내폐라는 태도에 '보증서'를 건넨 형태가 되었지만 현실적으로 그런 방향에 매진한 것은 초기의 이토 도요伊東 豊雄(1941-), 2013년 프리츠커상 수상와 같은 소수 건축가에 국한된다.

건축가의 예술 표현을 위한 설계의 기회로 자택을 제공하려는 클라이언트는 결코 많지 않다. 건축 설계라는 일은 클라이언트 워크이기 때문에 최우선시되는 것은 당연히 클라이언트의 취향이다. 더불어 전문가(profession)인 건축가가 사회적 공헌을 모색하고자 움직이는 것도 당연한 일이다.

그 결과 1960년대 말부터 1970년대를 거쳐 건축가가 임해야 할 주제로 부상한 것이 바로 '도시에 살다'라는 주제이다. 그 주역을 맡은 것이 노부시 세대로 불리는 건축가들이다. '도시에 살다'라는 주제를 통해서 건축가는 사회와의 관계를 다시 맺게 된다.

그러나 '도시에 살다'라는 주제로 설계된 주택은 마치 (언제나 흥미로움을 요구하는) 언어 유희적 테마와 같이 때때로 진귀한 회답을 낳으면서 패독 내의 '베팅금'이라는 성격을 강화해나간다.

그 과정에서 주거의 쾌적성이나 경제성 등이 방치된 측면도 있다. 이러한 경향은 요즘에도 찾아볼 수 있지만 이 책은 이러한 상황에 대한 책임을 묻는 것을 목적으로 하지 않는다.

다만 한 가지 말할 수 있는 사실은 아직도 패독에 있어서, 그리고 탁월화를 바라는 일부 건축가에게 있어서 주택이 중요한 베팅금으로 계속해서 남아 있다는 것이다.

노부시 세대라고 불리는 건축가들은 패독에서 대기 중이던 말을 본선 레이스로 승격시켰고 그 후의 활약도 눈에 띈다. 이들은 1980년대 포스트모던의 기수로 불리며 두 번째 꽃을 피우게 된다.

전 아사히 신문 기자 출신이자 건축 평론가로 활약한 마츠바 가츠키요松葉一清(1953-)는 포스트모던과 건축에 대해서 "버블의 풍요로운 자금이 다양한 디자인의 모험을 가능하게 하였고 도시를 활성화하는 시도가 전 세계적으로 계획되었다

[1]"라고 말했다. 건축이 매력적인 투자처로 지목되면서 자금이 대거 유입되었다. 그것이 포스트모던 건축의 번성을 뒷받침하였다. 고로 포스트모던 건축의 붐은 버블 경제의 종말과 동조하듯 그 끝을 맞이한다.

본선 레이스의 소실

1990년대 이후에는 훗날 '잃어버린 20년'이라고 불리는 장기 침체기로 접어드는데 건축계 또한 심각한 상황의 원초에 서 있었다. 여기서 구마의 말을 빌려 상황을 파악해 보자.

> 본선 레이스가 있었기 때문에 패독이 있었고 그렇기에 패독에서의 모습이나 걸음걸이가 중요시되었다. 그러나 본선 레이스 자체가 어딘가 소멸해버린 점에 오늘날 업계의 진정한 재미가 있다. 과거에는 패독에서 주목을 받은 말에게 작은 공공건축이나 디자인 중심의 민간 프로젝트 같은 다음 단계가 주어졌고 거기서 주목을 받은 말에게는 더 큰 공공건축이라는 자리가 주어졌다. 이러한 확고한 위계가 이 업계를 통제하고 있었다. 그러나 이제 공공건축 프로젝트의 수도 스케일도 급감하고 있다. 올라갈 곳이 사라져버린 것이다.[2]

어째서 본선 레이스는 소실되었을까. 이번 장에서는 이러한 상황에 대해서 엑스포와 두 개의 지진 재해를 획기적인(epoch-making) 사건으로 받아들이면서, 더불어 사회학에서 자주 이용되는 '후기 근대'라는 시대적 구분을 단서로 읽어나간다.

그때 다음 두 가지 주제에 주목하고자 한다. 하나는 공간(space)과 장소(place)를 둘러싼 논의이다. 후기 근대는 공간과 장소를 구별하여 논의하는데 특히 건축가의 직능과 후기 근대론이 교차하는 지점에서 이 둘의 차이는 중요하다.

다른 하나는 전문가(profession)에 관한 것이다. 후기 근대론에서 전문가란 매우 중요한 역할을 담당한다. 건축가도 전문가의 일종이지만 후기 근대에 들어서 전문가로서의 건축가를 향한 이상적인 자세가 크게 변화한다.

1995년 한신·아와지 대지진과 2011년 동일본 대지진 이후 각각의 부흥 단계에서 건축가는 사회와의 관계를 되찾고자 한다. 지진 재해를 하나의 계기로 삼고 전문직으로서의 사회 공헌이라는 회로를 모색한 건축가의 움직임을 살펴보면서 '부흥'이라는 테마가 어떻게 건축가와 사회를 연결시키는 접점이 될 수 있었는가에 대해서도 검토하고 싶다.

건축에 대한 포스트모던

먼저 후기 근대라는 시대 구분에 대해서 확인하고자 한다. 이해를 돕기 위한 보조선으로, 건축학에서 흔히 사용되는 포스트모던이라는 용어와 비교한다.

건축학에서는 포스트모던이라는 시대 구분이 자주 사용되는데, 여기서 말하는 포스트모던이란 모더니즘 건축에 대한 안티테제로 등장한다. 모더니즘 건축은 근대 공업사회에 적합한 건축으로서 장식을 배제하고 합리성과 기능성을 추구한다. 그 때문에 직선적이고 심플한 디자인의 건축이 많다.

1970년대 이후 과거의 공업사회에서 포스트 공업사회 및 고도 소비사회로 산업과 소비의 패러다임이 바뀌자 건축가들은 이러한 시대에 걸맞은 건축을 구상하고자 했다. 단적으로 말하자면 모더니즘 건축이 부정해온 것을 긍정하면서 그것을 최신 재료나 공법을 사용하여 표현하고자 했다.

게다가 모더니즘 건축의 디자인이 합리성과 효율성에서 필연적으로 도출된 형태였다면, 포스트모던 건축은 건축의 형태를 구분 짓는 근거가 다양해졌다. 왜냐하면 그 시대 배경은 고도의 소비사회와 정보화 사회였기 때문에 그러한 시대에 적합한 건축 형태를 하나로 명백히 도출시키는 것은 어려웠기 때문이다.

차별화를 중요하게 여기는 고도 성장사회의 로직과도 맞물려 기발한 디자인을 접목시킨 건축이 많은 것도 특징이다. 이상 포스트모던 건축의 사례를 이야기했지만 포스트모던이란 포괄적인 개념으로서 모던(근대)과의 단절과 차이를 강조한 개념이라고 할 수 있다.

후기 근대의 탈매립

반면에 후기 근대란 근대와의 단절이나 차이를 강조하는 개념이 아니다. 오히려 근대와의 연속성을 중요시한다. 근대적인 형틀이 더욱 철저하게 첨예화된다는 의미에서 근대와의 연장선을 중요하게 여기는 개념이다.

예를 들어 탈脫매립(disembedding)이라는 개념이 있다. 근대적인 개인은 자신이 속한 장소가 가지는 로컬적인 문맥에 좌우되지 않는다. 왜냐하면 표준화된 시공간 속에서 재편성되기 때문이다. 영국의 사회학자 앤서니 기든스Anthony Giddens(1938-)는 이를 '탈매립'이라고 부른다.

근대 이전에는 에도나 교토 등 도시의 시간과 마을의 시간이 달랐다. 한마디로 마을이라고 할지라도 농촌의 시간과 어촌의 시간은 달랐다. 사람들은 각자가 사는 땅의 고유성이나 산업과 결부된 시공간을 살았던 것이다. 그러다 근대화에 의해서 시간과 공간이 평준화되었다. 사람들은 이러한 평준화된 시공간을 살기 위한 도구(상징적 통표, 토큰)를 건네받는다. 그것은 화폐와 전국 일률적인 시계 시간(clock time)이다. 전前근대가 근대에 이르는 과정에서 발생한 탈매립이라는 상황은 후기 근대에 이르러 더욱 첨예화되어 출현한다.

뉴타운을 예로 들면 알기 쉽다. 뉴타운이란 구릉지를 개척하여 택지를 조성하고 그 위에 주택을 건설하는 것이다. 로컬적인 문맥은 일체사상이 되어 OO다이슘 혹은 XX타운이라는 이름이 붙는다. 그곳에 사는 사람들은 원래의 구릉지나 삼림이 새겨온 역사의 문맥 등을 알지도 못한 채 그곳에서 일상을 보내게 된다.

이러한 탈매립 상황은 폭력적이라고 할 수 있다. 어느 장소가 연면히 쌓아온 고유한 문맥을 무시한 채, 콘크리트로 땅을 다지고 그 위에 주택이나 빌딩, 그리고 도로를 건설하는 것이니까.

이처럼 도시의 재개발 장면에서도 작은 수준의 탈매립이

| 니시노미야 키타구치 역 앞(필자 촬영)

발생한다. 그리고 재해의 부흥 단계에서는 대규모의 탈매립이 발생하는데, 이에 대해서는 나중에 이야기한다.

이번 책에서는 탈매립이라는 개념과 세트로 '재再매립'이라는 개념도 중요하게 다룬다. 탈매립은 안전·안심과 효율성·합리성을 앞세운 공간을 만들어낸다. 도시 역 앞의 재개발 공간을 떠올리면 좋을 듯하다.

그러나 이러한 쇼핑몰 옥상에는 잔디 광장이 펼쳐져 있거나 아파트 한 켠에는 지역의 커뮤니티가 모여 활동할 수 있는 시설이 있다. 이러한 것들은 재귀再歸적으로 설치되어 있는데 이 책에서는 이를 재매립적인 공간이라고 부르고자 한다.

게다가 그 외에 최근에는 도시에서 지방으로 이동하는 이주자가 늘어나고 있는데 풍부한 자원환경이나 얼굴이 보이는 관계성이라는 전前근대적인 자원을 기대하는 움직임도 재매립이라고 정의한다.

시간과 공간의 분리

후기 근대론에서는 근대의 특징 중 하나로 시간과 공간의 분리를 예로 드는데 이에 관해서 기든스는 다음과 같이 말한다.

> 전前근대사회를 살아가는 많은 사람에게 있어 사회생활의 공간적 특징이란 눈앞에 있는 것-특정 장소가 한정되는 활

동-에 의해 지배되었기 때문에 장소와 공간은 대체로 일치한다. 그러나 모더니티(modernity)의 출현은 눈앞에 없는 누군가, 즉 외부로부터 부여받은 대면적 상호행위라는, 위치적으로 분리된 사람과의 관계 발달을 촉진시키기 위해서 공간을 장소로부터 강제로 분리시켰다.[3]

기든스는 공간(space)과 장소(place)를 구분하여 이야기하며 이 구별은 중요하다.

공간과 장소의 각각의 특성에 관해서는 〈포스트모던 지리학〉이라고 불리는 분야에서 활발히 연구되었는데 여기서 이 둘의 차이를 간단히 확인해두자. 공간은 (자기 자신의) 신체를 중심으로 인식되는 구체적인 공간의 확대라는 점에 반해, 장소는 임의의 점을 기준으로 확대하는 성질을 지니는 추상적인 것이라고 정의할 수 있다.

바꾸어 말하자면 장소란 개인의 정체성이 깊이 관련된 세상에 오직 하나뿐이라는 점이다. 예를 들어 사회학자 가네비시 기요시金菱清(1975-)는 장소성이라는 말에 "그곳이 아니라면"이라는 주석[4]을 다는데 이 부분에서 장소가 지니는 성격을 상상할 수 있지 않을까 싶다. 전형적인 장소란 태어나고 자란 집이나 동네, 공원이나 학교나 어린이집 또는 상가의 친숙한 가게 등을 예로 들 수 있다.

반면에 전형적인 '공간'이란 교외의 거대한 쇼핑몰과 편의

점, 전국 체인점 등을 예로 들 수 있다. 이러한 공간의 특징에는 소비를 주된 목적으로 한다는 점, 그리고 CCTV나 경비원에 의해서 엄중하게 보안, 관리되고 있다는 점이 있다. 그러나 최근에는 쇼핑몰의 푸드코트가 해당 지역의 중고생에게는 장소와도 같은 존재가 되고 있다.

공간과 건축가

여기서 다시 패독과 본선 레이스의 이야기로 돌아가보자. 구마 겐고隈研吾(1954-)는 본선 레이스에 출전한 건축가에게 주어지는 일에 대한 예로 대형의 공공 건축이 그 정점에 위치하며 작은 공공 건축이나 민간의 (대형) 프로젝트가 있다고 이야기했다. 이것을 공간과 장소의 차이로 말하자면 공간에 해당하는 일이다. 즉 건축가는 주택이라는 '장소'를 만드는 일을 시작으로, 공공 건축이나 민간의 대규모 프로젝트 등의 '공간'을 만드는 일에 적극적으로 참여하는 것을 성공이라고 여겨온 셈이다.

반면에 이러한 패독과 본선 레이스가 사라졌다는 것은 공간 만들기에 건축가가 초빙되지 않게 되었다는 뜻이다. 어째서 건축가는 공간 만들기에 초빙되지 않을까.

그 물음에 대한 해답 중 하나는 공간의 이상적인 자세의 변용이 있다. 과거(대략 1970년대까지)의 공간은 장소성을 지향했다. 그렇기 때문에 건축가의 작풍(=서명)과 심볼릭한 외관을 필요로 했다. 그렇게 지어진 건축은 규모가 거대함에도 불구하고 지역의 상징으로서 오랫동안 사랑받는 건축이 되었다.

하지만 점차 건축에 심볼릭한 요소를 원하지 않게 되었다. 둘도 없이 소중한 건물에서 교환 가능한 '상자'로 전락한 것이다.

어쩌다 그렇게 된 걸까. 그것은 건축이란 얼마나 많은 이익을 낼 수 있는지와 거기서 이루어지는 경제활동이 주축이 되는 액티비티가 가장 중요해졌기 때문이다.

상자 건축의 등장

상자와 상자의 내용물, 즉 건축과 액티비티가 분리되어 건축의 가치가 훼손되는 상징적인 사건이 있다. 그것은 바로 '상자 건축ハコモノ'이라는 호칭의 등장이다.

1980년대 중반부터 건축은 상자 건축이라고 불리게 된다. 「표.1」은 상자 건축이라는 말이 『아사히 신문』에 등장한 연대별 빈도를 나타낸다. 가장 처음으로 상자 건축이라는 단어가 사용된 기사는 1985년에 등장하였으며, 1993년까지는 거의 사용되지 않았다. 그러나 건축물에 대한 공공 투자가 정점에 달하는 1994년부터 증가하기 시작하여 정점을 찍은 2009년에는 183건에 이르게 된다.

일본에서는 1970년대부터 '지방의 시대'라고 불리는 시대가 시작된다. 여기서 말하는 지방의 시대란 지방분권적인 개념

「표.1」 신문지상에서 '하코모노'라는 단어의 등장 빈도

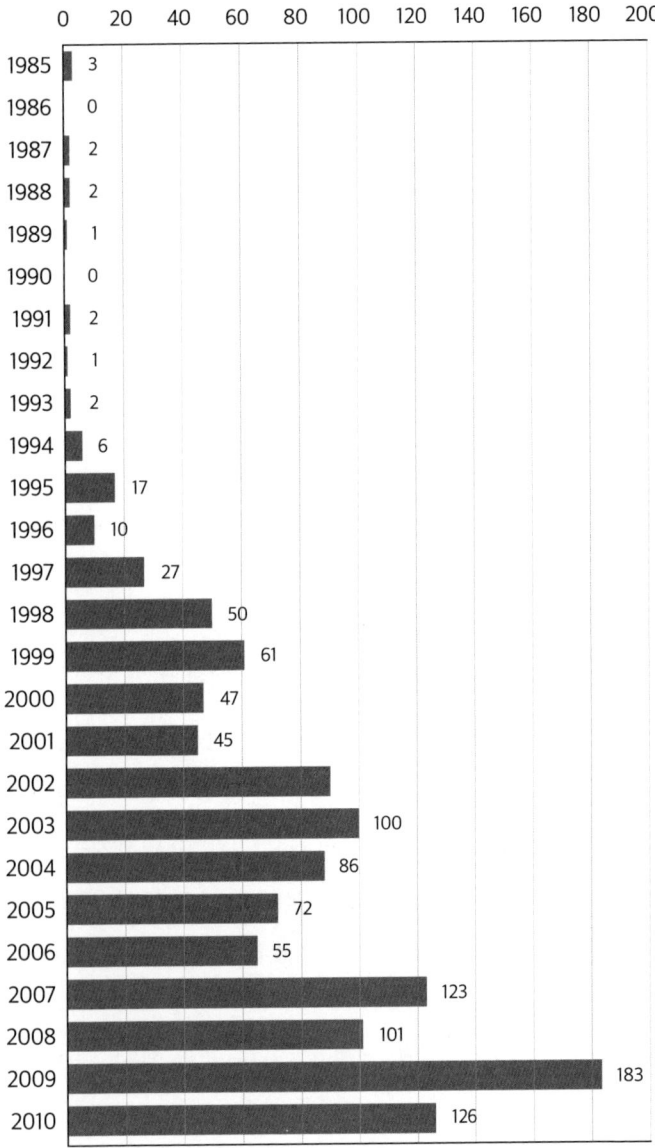

으로 선을 긋는 것이 아니라 국토개발의 프런티어이자 매력적인 투자처로 지방이 대두하기 시작한 시대라는 뜻이다.

건축을 적대시하는 풍조

그 흐름은 80년대에 들어서 가속화된다. 정치인들은 각 지방에 공공시설과 도로, 교량 등의 인프라를 건설하는 일을 사명으로 삼았다. 주민들 또한 그러한 이익을 유도하는 정치인을 선택하는 경향이 있었다.

정치인이 건설에 비교적 오랜 시간이 걸리는 도로나 다리보다 재임 중에 준공되는 공공 건축물을 선호하면서 청사나 각종 홀 혹은 미술관이나 박물관 등 문화시설이 각 지방에 속속 들어서게 된다. 아래에 소개하는 것은 상자 건축이라는 말이 신문에 처음으로 등장했던 기사에서 발췌한 내용이다.

> 문화회관, 미술관, 도서관, 박물관 등은 상자 건축이라고 불린다. 지방에 없거나, 빈약하거나. 문화의 지방 분산을 주장하는 지자체로서는 그 건설이 하나의 과제인 것은 당연하다. 상자 건축의 열풍은 아직 끝나지 않는다. 그러나 마을회관, 문화회관, 시민 홀 등의 시설은 대부분 하나의 사이클을 거쳤고 지금은 미술관, 도서관, 박물관으로 옮겨진다. (중략) 이외에도 상자 건축에 대한 방대한 투자나 어

울리지 않는 호화로움이 문제화되는 예시가 적지 않다. 물론 호화시설이 모두 악인 것은 아니다. (중략) 요점은 주민의 요구에 따라 적절하게 활용되고 있는가이다. 바로 '상자 건축보다 마음'이라는 이야기이다.[5] (방점필자)

『행정의 도전, 상자 건축보다 마음으로』라는 제목의 이 기사에 대해서 지적해야 할 점이 두 가지가 있다. 첫 번째는 이 기사에서의 상자 건축이라는 말은 건물의 단순한 환언일 뿐이며 쓰임새에 비판적인 함의는 없다는 점이다. 그렇지만 '상자 건축보다 마음'이라는 말은, 건물을 우선시한 나머지 그 안에서 이루어져야 마땅한 액티비티에 대한 배려가 불충분하다는 것을 의미한다.

앞서 말했듯이 상자보다 상자의 내용을 묻는 시대가 도래했다는 의미이다. 그리고 상자 건축이라는 말이 사람들의 입에서 회자되기 시작한 1994년 이후에는 건축을 향한 비판의 의미가 담기기 시작한다.

유독 상자 건축이 기사화되는 것은 선거철이다. 1985년부터 2011년 10월까지, 상자 건축이 등장하는 기사 1,307건 중 494건이 선거와 관련된다. 이후 상자 건축이라는 말은 주로 선거 쟁점으로 신문지면 위에 나타난다.

예를 들어 1995년 네리마구練馬区 청장 선거를 둘러싼 기사에는 다음과 같이 적혀 있다.

구가 지니는 채무區債의 문제는 4명이 입후보하는 구청장 선거에서 쟁점이 되었다. 신안 진영은 "호화 청사로 상징되는 상자 건축을 우선시하는 행정의 결과, 구민 1인당 약 21만 엔의 빚을 지고 있다", "건설사를 위한 구조 조정을 시행한 결과, 도쿄도東京都 23구의 역대 최대의 빚을 지었다"라고 현직 후보를 비판하고 있다.[6]

이 기사가 상징하듯이 가장 많은 패턴은 상자 건축의 건설을 결정한 현직과 상자 건축에 대해 비판을 호소하는 신인과의 싸움이라는 구도이다. 신인들은 상자 건축을 전직의 부정적 유산으로 규탄하거나 이미 예산이 편성된 상자 건축의 폐지를 주장하며 쟁점화한다.

경기가 후퇴하는 버블 붕괴 이후 '상자 건축=돈 낭비'라는 도식이 조성되어가는 가운데, 신인이 상자 건축을 쟁점으로 선거전을 치르는 일은 유권자의 지지를 얻기 쉬운 큰 이점이 된다.

그리하여 점점 더 상자 건축은 비판의 대상이 된다. 구마 겐고는 당시를 회상하며 "경제는 침체하고 있고 그중에서도 건축업계와 부동산업계는 최악의 상태에 있었다. 건축과 부동산이야말로 버블의 상징, 제악의 근원이라는 견해가 나타났고 여론도 저널리즘도 건축을 적대시하는 풍조가 생겨났다[7]"라고 말한다.

당시 상자 건축을 만든 것은 단게 겐조丹下健三(1913-2005), 1987년 프리츠커상 수상나 구로카와 기쇼黒川紀章(1934-2007) 등 건축가계의 중심에 있던 건축가들이었는데 거기에는 패독에서 승리하여 본선 레이스를 질주 중인 노부시 세대의 건축가의 모습도 있었다. 또한 구마 겐고 등 1950년대생 건축가들도 드디어 이처럼 화려한 작업에 착수하기 시작한 시기였다.

축제 광장과 태양의 탑

1970년에 개최된 오사카 엑스포는 6,400만 명을 웃도는 입장객을 모은 전무후무한 커다란 행사이다. 그 메인 회장인《축제 광장》의 설계를 맡은 것은 당시 건축계의 선두 주자였던 단게 겐조이다.

단게의 설계는 광장을 '거대한 지붕'으로 덮겠다는 참신한 아이디어였다. 이는 높이 36미터, 그리고 약 100×290미터의 거대한 구조물이었지만 방문객들의 마음을 뺏은 것은 그 거대한 지붕을 뚫고 우뚝 솟은 70미터 높이의《태양의 탑》이었다.

태양의 탑은 엑스포가 끝난 후에도 그곳에 계속 서 있어 오사카 엑스포의 상징뿐만 아니라 일본을 대표하는 심볼릭한 건축물로서 강렬한 존재감을 보여준다. 한편 단게가 설계한 거대한 지붕은 엑스포가 끝난 뒤 곧바로 해체되어 지금은 재현된 부품 중 일부만 엑스포 기념공원 한쪽에 초라하게 설치

| 1970년 오사카 엑스포 축제광장의 거대한 지붕과 태양의 탑(아사히 신문사 제공)

되어 있을 뿐이다.

그동안 단게는 국가적 건축가로서 수많은 심볼릭한 건물을 설계해왔다. 《가가와현 청사》(1958), 《히로시마 평화기념자료관》(1955), 《국립 요요기 경기장》(1964)을 시작으로 단게의 많은 건축물은 지금도 퇴색하지 않고 그 땅의 상징으로서 계속해서 빛나고 있다. 그렇다면 오사카 엑스포에서 단게의 건축은 어째서 심볼릭한 빛을 발하지 못했을까.

이에 대해 구마 겐고는 1964년의 도쿄 올림픽의 회장이 된 《국립 요요기 경기장》을 향해 "일본이라는 나라의 부흥, 성장의 심볼이 될 법한 기념비적인 것을 만들겠다"라는 망설임 없는 의지가 느껴진다고 평가한다. 그러나 엑스포의 거대한 지붕에 대해서는 "1970년 오사카 엑스포 때는 이미 기념비적인 것을 만들 자신이 없었던 것은 아니었을까[8]"라고 말한다.

건축역사학자 이노우에 쇼이치井上章一(1955-)는 단게의 자신감의 유무보다 더 이상 단게로 하여금 국가의 상징을 만들게 하려는 동기 자체가 국가에서 사라져버렸다고 지적한다.

예전의 단게는 훌륭했다. 1960년대까지의 단게는 일본이라는 국가를 건축으로 빛내고자 하였다. 국가 또한 그러한 단게를 믿음직스럽게 여기고 다양한 기획을 맡겼다. 그러나 1970년대 이후 국가는 그 뜻을 바꾼다. 고도 경제 성장을 거치면서 무엇보다 경제 성장을 중요시하게 되었다. 국가의 체면을 건축에 맡기려는 의욕이 사라지고 말았다. 덕분에 국가에 헌신을 다하고자 했던 단게의 임무는 끝났다.[9]

이노우에는 메이지明治(1868-1912) 시대 이후 연면히 이어져 온 국가의 체면을 건축에게 맡긴다는 전통이 마침내 종말했음을 지적한다. 즉 여기서 메이지 시대 이후 건축가의 주요 직능이 상징적으로 끝났음을 고한 것이다.

당연한 말이지만 어느 조류의 끝은 다음의 새로운 조류의 시작이기도 하다. 단게의 측근으로서 이 프로젝트를 견인한 이소자키 아라타磯崎新(1931-2022), 2019년 프리츠커상 수상는 국가를 상징하는 심볼릭한 건축의 수요가 없어져 가는 징후를 재빨리 캐치했다.

건축 디자인의 실효

이소자키는 본인이 메인 설계자로 참여한 《축제 광장》의 컨셉을 "광장의 장치를 이동이 가능하도록 만들어 불확실한 이벤트의 발생에 대응할 수 있도록 해야 한다[10]"라고 주장하며 이것이 기본적인 지침이라고 말한다.

이처럼 상징적인 거대한 건축물을 짓는 것이 아니라 액티비티를 유발하기 위한 장치를 설계하려는 시도는 1960년대에 이미 영국 건축가 세드릭 프라이스Cedric Price(1934-2003)의 《펀 팰리스Fun Palaces 계획》에서 시도되었다. 이소자키가 높게 평가하고 자세하게 분석했던 펀 팰리스 계획이란 아래와 같은 기능을 가지는 시설이다.

> 사람들이 쉽게 찾을 수 있고 여가 시간에 다양한 활동이 제공된다. (중략) 말하자면 그것은 이동 연극을 위한 작은 건물이자 서커스 텐트이며, 이동식 도서관(bookmobile)이고 이러한 조합이 지역 사회 내에서 활동을 일으키면서 공간적으로 이동해나가는 놀이 센터(amuse center)이다. [11]

이소자키가 기획에 참여한 축제 광장도 거기서 이루어지는 액티비티의 컨트롤을 꾀하고자 한 계획으로, 심볼릭한 전체상은 가지고 있지 않다. 위와 같은 건축의 변화에 대해서 건축학자 및 현대 일본문화연구자 모리카와 카이치로森川嘉一郎(1971-)는 엑스포에 있어서 축제 광장의 등장을 하나의 획기라고 받아들인 후에 "사실대로 말하자면 건축이란 태양의 탑의 형태를 지닌 거대한 지붕 같은 것이다[12]"라고 말한다. 종교나 이를 대신하여 대두된 국가권력이나 대기업은 건물이 가져야 할 기능, 즉 쉘터(shelter)로서의 거대한 지붕을 갖추면서, 그 위엄을 보여주기 위한 상징으로 태양의 탑을 원했던 것이다.

그러나 산업 구조 변화 등의 이유로 건축은 용도나 기능을 전면에 내세우게 되었고, 심볼릭한 기능은 다른 것으로 대체되었다. 모리카와는 축제 광장(거대한 지붕)과 태양의 탑이 기능과 상징물의 분리를 훌륭하게 그려냈다면서, 이러한 분리를 '건축 디자인의 실효'라고 말한다.[13]

옴 진리교의 사티안

이러한 '건축의 상징적 역할의 실효'는 1990년대 중반 일본 전역을 뒤흔들었던 사이비 교단시설에서 재차 부각된다.

1995년에 발생한 지하철 사린 가스 사건* 등 일련의 무차별적인 테러 사건의 용의로 교단 본부에 가택 수색이 들어갔을 때 교단 시설의 모습이 전국 텔레비전에 중계되었다. 텔레비

* 세뇌된 광신도를 동원해 독가스인 사린을 살포하여 14명의 사망자와 약6,300명의 부상자가 발생한 사건

건축가를 향한 이상적인 자세의 변화

| 사티안(Wikipedia)

전을 뚫어지게 바라보던 나의 눈에 들어온 것은 '사티안'이라는 이름의 폐허가 된 듯한 공장 건물이었다.

도무지 종교시설로는 보이지 않는 시설들이 옴 진리교의 이상함을 부각시켰지만 건축인들에게도 큰 충격을 주었다. 예를 들어 구마 겐고는 그 충격을 다음과 같이 말한다.

옴 진리교의 사람들이 만든 종교시설은 기존 건축관의 근본을 뒤흔들었다. 여태까지의 종교란 건축의 가능성을 최대한 이용했다. 하늘에 닿을 듯한 심볼릭한 외관과 하늘에서 내리쬐는 빛으로 가득 찬 장엄한 내부 공간, 그 건축적 디바이스를 총동원하여 신자들의 종교적 감정을 고양시키기 위해 도모했다. (중략) 그러나 옴 진리교는 달랐다. 그들은 건축에 전혀 기대하지 않았다. 이들이 만든 사티안이라고 불리는 건축 군群은 과거 어느 종교 건축과도 닮아 있지 않았다. 그저 허술한 막사였다.[14]

건축가들을 경악시키고 크게 낙담하게 만든 것은 교단의 시설이 '싸구려의 건축 자재로 덮인 그저 패키지로서의 건축[15]'으로, '눈에 보이는 양식에 대한 압도적인 무관심'에서 만들어졌다는 사실이었다.

이처럼 1970년부터 1995년까지, 25년이라는 짧은 기간에 국가나 도시의 위신을 상징하던 건축은 그 상징성을 잃고 쉘터(shelter)로 변해가는 과정을 거치게 된다.

건축가의 무력감

1995년 1월 17일 오전 5시 46분. 아와지淡路 섬을 진원으로 규모 7.3의 거대 지진이 한신阪神, 오사카와 고베 지역 지구를 강타해 사망자 6,434명, 가옥 피해 25만 채라는 막대한 피해가 발생했다. 한신·아와지 대지진으로 건물이나 도시 인프라가 붕괴된 사건은 건축 및 전문가 시스템에 대한 신뢰를 근본부터 뒤흔들었고 건축가 또한 자신감을 상실하게 된다.

구마 겐고는 "건축을 했기 때문에 불행해지고 불안정에 빠진 것[16]"이라며 건물을 설계하는 건축가의 직능에 대해서 어떻게 해야 좋을지 모르는 분노와 무력감을 표명했다.

만약 한신·아와지 대지진과 비슷한 상황이 일어나 건물이 무너진다면 그것은 예상치 못한 일일까요, 아닐까요. 저는 현재 사회에서 전문가를 바라보는 많은 사람의 눈이 굉장히 불신으로 가득한 것 같아요. 전문가에게 맡겨두면 될 줄 알았는데 말도 안 되는 소리였다고 생각합니다. 건축가도 할 말이 있겠지만, 그러나 진짜 이유를 설명하지 않습니다. 즉 "이러한 상황이 될 겁니다"라고 말하지 않았습니다. 저는 그걸 말하는 게 진짜 전문가라고 생각하거든요. 디자인이라든가 표면상의 것을 여러 가지 말할지언정 가장 중요한 부분이 빠져있습니다. 즉 책임감이 없는 것이 가장 큰 문제입니다.[17]

굉장히 냉엄한 지적이다. 나는 건축가가 설계에 손을 놓은 상태였기 때문에 지진 재해가 일어났다고는 결코 생각하지 않는다. 동일본 대지진의 쓰나미도 그렇고, 특별한 근거도 없지만 "지진은 오지 않는다"라고 불리던 긴키近畿 지방이 직격당한 것은 예상 밖이었다고 할 수 있다. 그런데도 지진 직후의 건축가는 건축에 대한 반성과 실망이 많았다.

지진 재해의 부흥 단계에서 건축가의 힘이 활용되는 일은 거의 없다. 부흥에 소환되는 것은 '시스템으로서의 전문가'일 뿐 '개인으로서의 전문가'는 아니었다.

나는 1995년 1월 17일에 한신·아와지 대지진을 효고현兵庫県 니시노미야시西宮市의 하숙집에서 직접 경험했다. 내가 살던 하숙집은 붕괴는 피할 수 있었지만 도저히 생활할 수 있는 상태가 아니어서 한동안 친구 집에서 피난 생활을 했다. 친구 셋과 3평(6조)짜리 원룸 맨션에서 묵었다. 남아 있던 식량은 즉석 밥 몇 개와 물과 과자였다. 인근 편의점의 식량은 첫날에 동났기 때문에 소지한 식량만으로 집에 머무는 것은 사흘이 한계였다. 다행히도 하숙집 주인의 도움으로 연명할 수 있었다.

그 후 5월까지 대학을 쉬었기 때문에 가가와현香川県의 본가에 배를 타고 돌아가기로 했다. 본가에서 아르바이트 등을 하며 지내다가 5월이 되어서야 다시 돌아올 수 있었다. 재해지의 인프라 부흥은 생각했던 것보다는 빨라 보였다. 그러나 지진 재해 전과 비교하여 거리의 풍경은 순식간에 변해버렸다.

부흥 후의 경관

목조 아파트와 옛 상가, 시장은 대부분이 오랜 건물 특유의 점포 겸 주택으로 구성되어 있었기 때문에 일제히 괴멸적인 피해를 입었다. 따라서 많은 상가와 시장은 재건되지 않고 역

앞에 새로 지어진 고층 아파트와 함께 지어진 건물 안에 옮겨졌다. 도로의 폭은 확장되어 넓은 보도가 확보되었다. 공원도 재정비되고 새로운 놀이기구가 옮겨졌다.

그 공원은 아이들의 놀이터나 지역 사람들의 쉼터라는 역할뿐만 아니라 재해시 대피소가 될 것을 상정하여 이를 위한 모든 기능(맨홀을 사용한 간이 화장실이나 취사장 등)이 구현되었다.

거리를 둘러보니 분명 지진 재해 전과 비교하여 쾌적해졌다. 그것은 지진 재해 직후에 피부로 느껴지는 치안 저하의 증가를 불식시키려는 목적도 있었다. 확실히 수상한 사람이 몸을 숨길 수 있는 장소는 모조리 철거되었다. 그러나 부흥이 진행되고 재해 지역의 도시들이 새로운 모습을 보이기 시작하면서, 그 경관에 대한 위화감이 차례차례 표출되기 시작했다.

예를 들면 태어나고 자란 본가가 재해를 입은 경험이 있는 경제학자 마츠바라 류이치로松原隆一郎(1956-)는 부흥 후의 경관에 대한 위화감을 아래와 같이 말한다.

나는 이틀 뒤인 1월 19일, 자전거를 어깨에 짊어지고 전차로 현지에 도착하여 집 주변을 둘러보았다. 주변에 많았던 옛 목조 가옥과 검은 담장의 양조장 대부분이 전멸되었고 정겨웠던 경관은 보기에도 끔찍한 상태였다. 그렇지만 경관이 입은 재해라는 문제는 그 후에 일어난 게 아닌가. 고베시神戸市는 전파全破, 반파半破와 피해의 정도에 따라 재해 가옥의 철폐 비용을 부담했다. 따라서 대부분의 집이 반파 이상이었던 우오자키 지구魚崎地区에서는 기한 내에 철폐가 완료되었고 과거 가옥의 건축 자재는 폐기되었기 때문에 현재는 일대가 신축으로 즐비하여 시범 주택의 전시장처럼, 마치 도저히 편안하게 지면에 발을 내디딜 수 없는 불편한 상태가 되었다.[18]

마츠바라는 재해지가 입은 피해를 실질적인 건물 피해와 경관 피해, 두 가지가 있음을 지적한다. 경관 피해에 대해서, 주택 정책을 연구하는 히라야마 요스케平山洋介(1958-)는 부흥 후 재건된 주택의 대부분에 사용된 새로운 건축자재가 거리를 질적으로 바꾼 요인이라는 점이라며 아래와 같이 이야기한다.

시가지의 부흥은 건조한 경관을 만들어냈다. 조립식 주택의 외벽 재료로 사용되는 것은 건식의 도장 패널이다. 새로운 단독주택 부지에는 주차장이 설치되어 지진 재해 이전보다 식재 면적이 감소했다. 3층 주택의 1층 부분은 주차공간으로 할당된다. 남겨진 벌판은 주차장으로 이용되는 경우가 많다. 시가지를 걸을 때 눈높이 레벨에 형성되는 것은 도장 패널과 주차장이 연결된 단조로운 시퀀스이다. 시가지 공간에서는 음영을 빼앗겼다. 아파트 외벽에서는 타일 붙이기가 증가했다. 타일이 뒤덮인 더블 스킨은

경관을 한층 더 건조하게 만들었다.[19]

이러한 상황은 재해지 부흥의 현장에서 흔히 볼 수 있다. 히라야마는 이런 상황에 빠진 피해 지역을 '마켓 시티[20]'라고 표현한다. "그곳은 주택, 건축, 토지 시장이 형성되고 공간의 상품화가 진행된다. 시가지에서는 구획 정리 및 재개발의 대규모 사업이 시작된다. (중략) 재해 도시의 대부분을 움직이는 것은 시장이다[21]"라고 간파하고 있다.

위와 같이 재해지에서의 개발을 촉구한 것은 '창조적 부흥의 대합창'이었다. '창조적 부흥'이란 어떤 부흥일까. 아래의 언설을 통해 확인해 보자.

> 먼저 부흥의 목표와 이념이다. "이건 전화위복이다"라는 말이 나타내듯이 단순히 지진 재해 전의 상황으로 되돌리는 것이 아니라 21세기를 선취한 안전을 중점으로 부흥하는 것이다. 물론 생활, 교육, 문화, 복지, 의료, 산업, 주택 등의 부흥도 각각 창조적인 부흥이어야 한다.[22]

여기서 부흥의 목표와 이념으로 강조되는 것은 지진 재해를 기회로 삼아 도시를 한층 더 발전시키려는 자세이다.

애초에 어째서 재해로부터의 부흥이 '이전보다 좋아진다'라는 이해로 인해서 진행되는 것일까. 이에 관해서 사회학자 미야하라 코지로宮原浩二郎(1956-)는 다음과 같이 말한다.

> '재해 전보다 좋아진다'에 해당하는 대부분의 경우, 방재력의 향상이나 이재민과 재해지에 대한 심리적 고무를 훨씬 뛰어넘어 도시나 지역 전체의 종합적 개발 및 재개발을 의미해왔기 때문이다. 반대로 말하자면 '부흥=도시(지역)의 개발 및 재개발'이라는 이미지가 정부 및 지자체, 방재학계, 게다가 매스미디어를 통한 국민 일반 속에 침전되어 있다. 그 때문에 '부흥=재해 전보다 좋아진다'라는 이미지가 일반화된 것은 아닐까.[23]

게다가 창조적 부흥이 내거는 '창조적'이라는 용어에는 '과거의 일은 알지 못한다'라는 과거 청산의 함의가 있다는 지적에서 알 수 있듯이 창조적 부흥이 과거를 적극적으로 망각하는 성질이 있다는 사실을 포착하는 일은 중요하다.

이러한 한신·아와지 대지진의 재개발에서 보았듯이 창조적 부흥의 구호 아래 진행된 '재해 전보다 좋아진다'라는 공간 개발이야말로 기든스가 말하는 탈매립이 첨예화된 모습이다.

반 시게루의 종이 건축

여태까지 살펴본 바와 같이 1970년대 이후 도시와 건축을 둘러싼 상황은 개인으로서의 건축가를 배제하는 방향으로 진행되었다. 개인으로서의 건축가를 위한 직능 발휘의 회로가 닫혀가는 가운데 그럼에도 건축가는 다양한 대처를 전개하여 개인으로서의 건축가의 직능을 전면에 내세우고자 노력했다.

여기서 건축가 반 시게루坂茂(1957-)의 사례를 검토하면서 건축가는 어떠한 방식으로 주체성을 되찾기 위한 회로를 모색했는지에 대해서 알아보자.

건축가 반 시게루의 이름을 일약 유명하게 만든 것은 지진 후 화재로 불에 탄 《가톨릭 다카토리 교회》(1995)를 종이강도를 높인 지관를 사용한 건축으로 재건한 일이다.

반 시게루는 지진 재해 전부터 건축가의 사회 공헌에 강한

| 가톨릭 다카토리 교회(Wikipedia)

관심을 가진 건축가였다. 예를 들어 다음과 같은 이야기가 상징적이다.

> 1995년 1월 17일에 한신·아와지 대지진이 일어났다. 충격적인 사건이었다. 내가 직접 설계한 건물은 아니지만 건축으로 인해 많은 인명이 손실되었다는 점에서 건축가로서 모종의 책임을 느끼지 않을 수 없었다. 의사와 일반인, NGO(비정부 기구)는 곧바로 자원봉사에 나섰다. 나는 건축가로서 도대체 무엇을 할 수 있을까를 고민하게 되었다.[24]

한신·아와지 대지진이 발생한 직후, 많은 사람들이 자원봉사자로 현장에 들어가 다양한 지원을 한다. 훗날 1995년은 자원봉사의 원년이라고 불리게 된다.

현장은 잔해의 철거나 식량의 운반 등 어찌 됐든 일손이 필요하므로 건축가로서의 반 시게루가 아니라 한 명의 자원봉사자로서 익명적인 공헌을 할 수도 있었을 것이다. 그러나 그는 '건축가'로서 공헌하고 싶었다. 이처럼 반 시게루가 건축가로서의 공헌에 집착한 이유는 지진 재해를 계기로 건축가의 직능을 다시 되묻고 싶었기 때문이 틀림없다.

이렇게 주장하는 근거는 이 일은 상당한 코스트를 부담하는 공헌이기 때문이다. 가톨릭 다카토리 교회는 건설비와 건설 자원봉사 모두 반 시게루가 모은다는 것이 건설 조건이었다. 그래서 반 시게루는 친구나 지인에게 부탁하여 성금을 모으거나 강연회나 전람회를 개최하여 자금을 모았다. 나아가 사무소의 직원을 전속 스태프로서 현지에 파견하였다.

구체적인 금액은 밝혀지지 않았지만 반 시게루는 상당한 금전적 부담을 안고 있었다. 이처럼 반 시게루가 스스로 자금을 모으면서까지 건축을 만든 이유는 무엇일까. 아래의 이야기가 반 시게루의 심리를 풀어내는 힌트가 될 것이다. 반 시게루는 "오래전부터 과연 우리 건축가는 사회에 도움이 되고 있을까 하는 의문을 갖고 있었다"라고 말한다.

이러한 문제의식을 계속 갖고 있던 반 시게루는 지진 재해를 통해서 "의사나 변호사처럼 건축가도 사회적인 어떠한 역할을 해낸다[25]"라는 것이 가능하다고 생각했기 때문이다. 반 시게루에게 한신·아와지 대지진은 개인으로서의 건축가를 향한 복권復權, 그리고 사회에 도움이 되는 건축가의 직능을 모색할 수 있는 장소이기도 했다.

가톨릭 다카토리 교회의 부흥을 통한 반 시게루의 시도는 성공했다고 할 수 있다. 반 시게루는 재해지에 관련하여 건축가로서의 사회공헌이라는 하나의 건축가 모델을 제시한 셈이다.

동일본 대지진과 건축가

2011년 3월 11일 오후 2시 46분 도호쿠東北 지방을 진원으로 최대 진도 7의 대지진이 동일본 일대를 덮쳤다. 이후 쓰나미로 인한 피해로 사망자 및 실종자는 한신·아와지 대지진의 수준을 크게 웃도는 18,423명이었다. 건축가들도 지진 직후부터 현장에 들어가 다양한 활동을 벌였다.

건축가를 포함한 건축 전문가가 진가를 발휘하는 것은 지진 재해 직후보다 부흥의 타이밍이다. 어떠한 가설 주택을 건설할 것인지, 쓰나미로 흔적도 없이 떠내려간 거리를 어떻게 재건할 것인지 등 건축가의 역량이 해결에 도움이 될 거라는 장면이 많이 예상되었다.

그러나 현실은 달랐다. 건축가를 향한 공적인 부흥 지원 요청은 없었다. 이에 관해서 건축 평론가 이가라시 타로五十嵐太郎(1967-)는 다음과 같이 말한다.

건축계에 있어서 지진 재해 후의 행정은 건축가에게 의지하지 않는다는 점이 판명되었다고 해야 할까. 건설업이나 대기업 컨설팅은 많은 인원을 재해지에 파견하여 부흥 사업에 크게 파고들었지만, 반면에 이토 도요나 구마 겐고 등 세계적으로 활약하는 건축가에게조차 말을 걸지 않았다. 건축가는 미술관, 도서관 등 문화 시설을 디자인한다

는 의미에서 평가를 인정받지만 재해 시에는 관계를 갖지 않는다는 것이 지진 직후 분명해졌다.[26]

이토 도요의 딜레마

이토 도요伊東豊雄(1941-), 2013년 프리츠커상 수상는 위와 같이 부흥의 현장에 건축가가 부름을 받지 못하는 점에 대해 아래와 같이 말한다.

> 부흥이 움직이기 시작하는 가운데 토목 전문가는 각 지자체로부터 부름을 받지만 건축가가 부름을 받는 경우는 거의 없습니다. 많은 건축가는 자신이 부름을 받지 못하는 일에 낙심하지만 그 책임은 건축가에게도 있습니다. 부흥에 참여하고 싶다면 평소 개인을 표현하는 행위에만 고집하지 말고 좀 더 겸허하게 사회 참여를 위한 활동을 하지 않으면 곤란하지 않을까 생각해 봐야 합니다. 그런 의미에서 이번 지진은 그러한 것들을 다시 생각해볼 수 있는 정말 중요한 기회입니다.[27]

이토는 건축가가 부름을 받지 못하는 이유에 대해서 개인을 표현하는 행위를 고집한 나머지 사회 참여를 위한 활동을 해오지 않았기 때문이라고 한다. 전문가로서 사회 공헌을 하

건축하지 않는 건축가

고 싶은 이토의 마음도 이해하지만, 여기까지 읽어주신 독자 여러분이라면 이러한 활동이 어려운 이유를 잘 알 거라고 생각한다.

간단히 복습하자면 현대는 사회 구석구석에 둘러쳐진 고도의 시스템이 각종 인프라와 유통망을 지배하고 있다. 그것을 설계하고 운영하는 것은 '익명적인 전문가'로 구성된 고도의 전문가 시스템이다. 이러한 시스템이 피해를 입어 불능이 될 경우, 초빙되는 것은 역시 '익명의 전문가들'이다. 개인으로서의 건축가가 필요하지 않게 되는 것은 당연하다.

그럼에도 이토는 건축가가 할 수 있는 일이 있을 거라며 분투를 시작했지만 이내 깊은 고민에 빠진다. 이토는 "모든 건축가는 사회를 위한 것이라며 건축을 만들고 있지만 결국 작품이라는 개인적 표현에 다다르고 만다[28]"라고 말한다. 건축가의 자기표현과 사회공헌이란 표리일체이며 둘 사이에 반드시 생기는 딜레마를 해결하기란 무척이나 어려운 일이다.

이러한 딜레마를 깨부수기 위해 이토가 취한 행동은 사회의 안쪽으로 들어가 긍정적으로 건축을 만들어 가는 것이다. 이때 건축가라는 갑옷을 몸에 걸치는 것이 아니라 그저 하나의 사람으로서 건축을 생각하는 것을 모토로 삼았다.

이토는 지진 재해를 "건축가가 사회와의 관계를 되찾을 둘도 없는 기회[29]"라고 말한다. 이토도 반 시게루와 마찬가지로 지진 재해를 계기로 삼아 후퇴해버린 개인으로서의 건축가라는 직능을 전면에 내세우고 싶다고 생각한 것이다.

이러한 생각을 품으면서 이토는 재해지에 들어가 피해 상황을 빠짐없이 둘러보았다. 이토는 재해지의 가설 주택에서 불편하게 생활하는 이재민의 모습을 보고 "사람들이 함께 이야기하거나 식사를 할 수 있는 목조 오두막을 만들 수 없을까를 생각하기 시작했다[30]"라고 이야기한다.

이토는 1988년부터 계속해서 관계해 온 〈구마모토 아트폴리스〉의 회의에서 해당 구상을 화제에 올리자 회원들이 찬동했고, 게다가 구마모토熊本 현지사県知事의 지원을 받아내는 데도 성공한다. 그 결과 이토의 부흥 지원 프로젝트인《모두의 집みんなの家》은 구마모토현県이 재해지에 선물을 주는 형태로, 센다이시仙台市 미야기노구宮城野区의 공원 내에 설치되기로 결정되었다.

이토는 이 집회소 프로젝트에 모두의 집이라는 이름을 붙인 이유에 대해서, 재해지의 고령자와 이야기하는 데 필요한 알기 쉬움을 담보한 결과라고 말한다.[31] 모두의 집의 컨셉은 10평 남짓한 목조로 된 가옥小屋으로, 큰 테이블을 두어 10명 이상의 사람들이 식사를 하거나 술을 마실 수 있는 곳이라고 한다.

공사는《센다이 미디어테크》(2001)를 맡아준 건설회사로, 적자를 각오하였습니다. 지붕재와 유리, 주방과 위생도기,

조명기구 등도 많은 제조사가 무상으로 제공해주었습니다. 이렇게 많은 사람의 마음이 하나로 연결되어 그야말로 '모두의 집'을 실현할 수 있게 되었습니다.[32]

이토는 모두의 집이 업자의 원조나 기부에 의해서 완성되었음을 고백한다. 이토의 주도하에 기부가 모여 재료가 갖추어졌고 장인들이 집결하여 모두의 집이 완성되었다는 사실[33]은 분명 이토의 공헌일 것이다. 한편 이는 이토 도요라는 유명 건축가에 의해서 실현된 공헌이라고도 할 수 있다.

아무쪼록 이토가 실현한 모두의 집은 장소 만들기의 프로젝트였다. 이토는 공간 만들기(부흥)에 부름을 받지 못하는 사실에 한탄하면서도 동시에 재해지에 들어가는 것으로 장소 만들기를 이룰 수 있었다.

아키에이드의 활동

마지막으로 이토가 빠진 딜레마, 즉 "모든 건축가는 사회를 위한다며 건축을 만들지만, 결국 작품이라는 개인적 표현에 익숙해져 버린다[34]"라는 딜레마에 대해 어느 집단을 결성함으로써 해결한 시도를 소개하고 싶다. 건축가의 재해지 부흥 지원 네트워크로, 2011년부터 2016년까지 활동한 아키에이드(ArchiAid)의 시도이다.

아키에이드는 동일본 대지진에 직면한 건축가들이, 지진 재해 직후에 설립한 찬동자 303명의 네트워크이다. 지역 지원, 인재 육성, 정보 공유라는 세 가지 활동 목표를 가지고 7개의 지자체와 제휴한 수십 개 지역에서의 활동을 통해서 건축가 네트워크가 개척하는 부흥 마을 만들기의 가능성을 넓힌다.[35]

아키에이드는 303명의 건축가 네트워크이다. 거대한 재해에 대한 부흥은 막대한 예산이 투입되는 대규모이기 때문에 아무래도 공간을 구축해야만 한다. 이렇게 장소가 아닌 공간 구축에 있어서 개인 건축가는 초빙되지 않는다. 필요한 것은 전문가 시스템 안에 매몰된 익명의 전문가이기 때문이다.

이름이 드러난顯名 건축가라는 직능은 아키에이드라는 집합체가 됨으로써 익명의 전문가 집단이 된다.

장소 만들기에서 얼굴이 보이는 전문가라는 건축가의 활약이 기대되고 있다. 재해 지역은 동북의 연안부라고 하나로 묶이지만 물론 실상은 개별적으로 점재하는 하나하나의 촌락이다. 그러한 각각의 재해지에 기동적으로 지원할 수 있는 것은 역시 개인으로서의 건축가이다. 그들은 '얼굴이 보이는 전문가'로서 장소 재건에 기여한다.

건축가 후쿠야 쇼코福屋粧子(1971-)는 동일본 대지진에서 아키에이드의 활동이 건축가의 직능을 확장시키는 계기가 되었다며 다음의 세 가지 관점에서 건축가의 직능 확장을 이야기한다.

첫 번째는 비전을 공유하는 것이다. 재해지에서 개최되는 캠프를 통해서 건축가와 학생이 일체가 되어 마을 전체의 부흥 비전을 작성한다. 그것은 응급 상황에서의 건축적 능력의 확장이라고 볼 수 있다.

두 번째는 프로세스를 병주並走하는 것이다. 여기에서는 도쿄공업대학의 츠카모토 요시하루塚本由晴(1965-) 연구실에서 시도한 신사 재건 프로젝트를 예로 드는데, 합의형성이나 건설에 오랜 시간이 필요한 커뮤니티나, 커뮤니티의 핵심을 이루는 시설(사찰 등)의 재건에 긴 안목으로 임한다는 것이다.[36]

세 번째는 논의의 플랫폼을 만드는 것이다. 아키에이드에는 실천적 논의의 플랫폼으로서 <오시카牡鹿 반도 지원활동 스터디 그룹>이 있고, 거기에는 매회 15개의 대학이 집합하여 한 달에 한 번의 빈도로 활동이 이루어지고 있다. 여기서 기술된 활동은 "지금까지 건축가라는 직능의 중심이라고 생각한 것과는 크게 떨어져 있다[37]"라고 한다.

지금까지 건축가라는 직능의 중심이라고 생각한 것이란 아티스트로서의 브랜드를 획득하고 클라이언트와의 안정된 신뢰 관계 속에서 작품으로서의 주택(혹은 건물)을 설계하는 일이다. 그러한 오래된 타입의 직업 실천은 이미 성공한 극히 일부 건축가를 제외하면, 대부분은 배후로 물러나게 되면서 그 존재감이 약해지고 있음을 여기서 알 수 있다.

아키에이드는 모두가 작가로 활동하는 건축가들이 집결함으로써, 각각의 개성이 배후로 물러나는 동시에 학식이나 전문성이라는 프로로서의 지견을 전면에 내세운 익명의 전문가 집단이 되었다. 개인의 이름으로 활동하는 아틀리에 건축가들을 집합적으로 동원하는 구조로서는 뛰어나고 선진적인 시도였다고 할 수 있다.

얼굴이 보이는 전문가로서

여태까지 살펴본 것처럼 후기 근대라는 시대가 건축에 요구하는 것은 먼저 쉘터(shelter)로서의 안전성이다. 진도 7에서도 무너지지 않는 튼튼한 건물을 가능한 한 저렴한 비용으로 만드는 것이 후기 근대라는 시대에 요구된 건축의 모습이다. 그렇기 때문에 건물에 심볼릭한 외관은 불필요하다.

그다음으로 요구되는 것은 효율성이다. 그 건물의 기능을 최적화하고 내부에서 전개되는 장사나 사업의 이익을 극대화하는 설계가 요구된다.

개인적으로 후기 근대적 건물의 전형적인 예시라고 생각하는 것은 바로 쇼핑몰이다. 보통 도시 지역의 쇼핑몰은 역과 직결된 경우가 많다.

나의 집 근처에도 니시노미야 가든스西宮ガーデンズ라는 거대

한 쇼핑몰이 있다. 그곳에 가려면 가장 가까운 역에서 지붕이 있는 보행자 데크를 통과하게 된다. 때문에 니시노미야 가든스의 외관을 제대로 바라본 적이 없어 아직까지 외관 전체가 어떻게 되어 있는지를 잘 알지 못한다.

지방이라면 교외에 이온몰*과 같은 거대한 쇼핑몰이 있다. 그 외관은 물류 창고처럼 간소하다. 대부분의 사람은 그러한 교외 쇼핑몰에 가기 위해 차로 이동할 것이다. 거기서 일어나는 일은 자택→자동차→쇼핑몰이라는 실내 공간의 연속적인 변화이다. 이러한 환경에서 더 이상 쇼핑몰의 외관 따윈 의식에 오르지 않는다.

고객은 쇼핑몰에서 쾌적하고 안전한 쇼핑과 식사를 즐길 수 있기를 기대한다. 반면에 쇼핑몰의 가게는 손님이 더욱 많이 소비할 것을 기대한다. 고객과 가게(쇼핑몰), 쌍방의 의도는 고도의 보안 장치와 인체공학에 근거하여 디자인된 내부공간, 집기, 조명에 의해서 높은 레벨로 양립 및 구현된다. 그리고 매일매일 축적되는 데이터를 통해서 그 정밀도는 계속해서 높아진다.

쇼핑몰은 테크놀로지와 데이터로 구축된 아키텍쳐(건축)를 쉘터(건물)로 패키징한 공간이다. 그러한 공간 설계에 건축가가 관여할 수 있는 장면은 더 이상 없다.

* 교외형을 지향하는 일본의 대표적인 쇼핑몰

튼튼하고 싸고 효율적으로 건설할 수 있으면 된다. 이를 위해 건설사의 건축사가 설계 및 감리를 시행한다. 내부 공간은 마케팅 전문가나 데이터 분석가가 고객의 동향을 분석하고 건설사의 건축사가 이를 공간화하고 인테리어 디자이너가 외장을 마무리한다.

한신·아와지 대지진과 그 부흥 과정에 있어서 공간은 일상 생활권에까지 확장되었다. 안전·안심과 편리·쾌적이라는 심볼 아래 인적이 드문 공원이 정비되고 넓은 도로의 종횡이 정비되면서 구획의 개방성은 좋아지고 사각지대는 사라졌다.

한신神阪 사이의 주요 역 앞은 그야말로 '창조적 부흥' 그 자체였다. 그러나 지진 재해를 계기로 그러한 공간에 허점이 보이기 시작하였다. 안전·안심의 목표 아래 '탈매립'적인 부흥 계획이 진행되는 가운데 경제학자인 마츠바라나 주택 정책 연구가인 히라야마처럼 이러한 부흥의 방향성에 강한 위화감을 나타내는 사람도 있었다. 부흥 후에 출현한 공간은 안전·안심과 맞바꾸었고 이로써 버림당한 감성적, 정서적인 것을 향한 욕구는 '재매립'을 초래한다.

탈매립이 진행되면 진행될수록 사람들은 익숙한 커뮤니티에 뿌리박힌 안정감이나 친밀감을 담보해주는 '장소'에 포섭되기를 원하게 된다.

반 시게루나 이토 도요는 지진 재해 후의 부흥 단계에서 '장소'를 되찾기 위해 '얼굴이 보이는 전문가', 즉 '개인'으로서 참가하였다. 이러한 여러 활동은 탈매립화에 의해서 버려진 개인으로서의 건축가(=전문가)의 주체성을 되찾으려는 시도와 맞물려 더욱 증폭된다.

마무리하며

과거의 건축가계는 건축가가 작품의 우열을 겨루고 탁월화를 위한 아레나였다. 구마 겐고는 이를 본선 레이스라고 불렀다. 그러나 그것은 완전히 소실되고 말았다. 왜 본선 레이스는 소실되었을까.

 이러한 상황에 대해서 이번 장에서는 엑스포와 2개의 지진 재해를 획기적인(epoch-making) 사건으로 받아들이고 사회학에서 이용되는 후기 근대라는 시대 구분을 단서로 삼아 해독했다. 후기 근대라는 시대 구분에서 중요한 것 중 하나는 공간(space)과 장소(place)를 둘러싼 논의이고 다른 하나는 전문가(profession)에 관한 논의이다.

 후기 근대론에서 전문가는 중요한 역할을 담당한다. 건축가도 전문가의 일종이지만 전문가로서의 건축가에 대한 이상적인 자세가 후기 근대라는 시대 속에서 크게 변용했다.

 산업 사회뿐만 아니라 우리 생활을 뒤덮는 고도로 발달한 인프라는 익명의 전문가 시스템에 의해서 구동된다. 건축 또한 이러한 인프라의 하나로서 도시에 배치된다. 그것은 더 이상 개인의 건축가가 감당할 수 있는 일이 아니다.

1960년대를 거치며 건축은 마침내 대상으로 삼아야 하는 주제를 잃었다. 이소자키 아라타는 그것을 『건축의 해체』라고 이름 짓는다. 그렇게 맞이한 1970년대 건축의 '주제의 부재'는 더욱 가시화되었고 오사카 엑스포의 《태양의 탑》으로 건축의 상징성은 종식되었다.

그러나 건축은 잠시나마 버블 경제를 통한 자금의 유입으로 포스트모던이라는 마지막 도화를 피운다. 그것은 1960년대부터 1970년대에 걸쳐 패독에서 준비한 노부시 세대의 건축가가 그 중심을 맡게 된다. 허나 그것도 오래가지는 못하고 건축이란 낭비와 정치인의 이기심이 묻어난 부정적인 유산이라는 비판의 대상이 된다. 건축가는 예술가로서도 전문가로서도 불안정한 위치에 내몰리고 만다.

1995년 한신·아와지 대지진과 2011년 동일본 대지진 이후 각각의 부흥 단계에서 건축가는 사회와의 관계를 되찾고자 한다. 그러나 공간의 설계에 더 이상 관여할 수 없게 된 건축가는, 공간의 부흥 또한 관여할 수 없다는 사실이 분명해진다.

그럼에도 건축가는 부흥에 관여하고자 했다. 반 시게루도 이토 도요도 공간의 부흥에 관여하지 못한다는 사실을 한탄하면서도 건축의 전문가로서 무언가를 공헌하고 싶다는 강한 사명감을 지니고 손으로 더듬어가며 재해지에 뛰어들었다.

그리고 이재민과의 인간적인 교류를 거치면서 여러 건축을 완성한다. 즉 그들은 얼굴이 보이는 전문가로서 장소의 부흥에 공헌할 수 있게 된 것이다.

시대를 관철한 전략가로서의 건축가, 구마 겐고

구마 겐고는 비평가의 시점을 지니는 건축가이다. 부지런히 시대에 걸맞은 건축가상을 모색하고, 때로는 반성적인 태도로 자신을 성찰한다. 항상 자신을 돌아보고 업데이트함으로써 미지의 내일을 대비하는 그의 모습에 대해 이야기한다.

프롤로그

건축가 구마 겐고隈硏吾(1954-)는 많은 사람들에게 현재 일본을 대표하는 건축가로 잘 알려진 존재이다. 그의 작품이나 언설은 일반 잡지에서도 다루어지며, 구마 겐고 본인도 다양한 미디어에 출현한다.

도쿄 올림픽 메인 스타디움의 설계부터, 젊은이들에게 인스타그램 사진의 명소로 유명한 스타벅스 커피의 점포 설계, 그리고 가구와 패션 디자인에 이르기까지 그 활약의 스테이지는 실로 폭넓다.

구마 겐고는 어떻게 그 지위에 올랐을까.

앞에서 검토한 안도 다다오와는 달리 구마는 명문대 진학을 위해 사립 중고등학교를 졸업하고 도쿄대학 및 대학원을 거쳐 대형 건설사에 근무, 그 이후 컬럼비아대학에서 연구원 생을 거치는 등 객관적으로 보면 지극히 축복받은 자본을 지닌다. 그럼에도 이 정도의 탁월화를 이루기 위해서는 나름의 전략에 입각한 실천이 필요했을 것이다.

 백화요란의 양상을 띤 노부시 세대의 다음 세대에 속하는 구마는 그 열기를 깨어난 눈으로 바라보았다. 그리고 건축가계 속에서 자신의 위치를 냉정히 고민하면서 탁월화를 위한 전략을 짰다.

 구마 겐고는 무엇이 자본이고 무엇이 베팅금일지를 냉정하게 지켜보면서 전략적으로 활동해 온 건축가이다.

 이번 장에서는 그러한 구마의 전략을 알아보기 위해 데뷔 이후의 궤적을 더듬어 보고자 한다.

1980년대, 비평가로서의 출발

먼저 1980년대, 구마 겐고는 건축가계의 어느 위치를 겨냥하여 데뷔했는지, 어떠한 언설과 작품을 만들었는지를 알아본다.

 구마는 대학원생 시절부터 동료들과 〈그루포 스펙키오〉* 라는 집단을 만들어 건축 비평을 시작했다. 그것은 일찍이 가시마 출판회島出版会에서 발행되는 건축 잡지 『SD』에서 연재

* '시대와 정세를 비추는 거울'로 Gruppo(단체)+Specchio(거울)의 합성어

되고 있었다. 구마는 당시의 모습을 아래와 같이 술회한다.

> 당시 우리 글은 많은 빈축을 샀다. "네 녀석들, 장난기 가득한 문장만 써 재끼다니! 건축을 얕보는 거냐!"라는 꾸지람을 많이 들었다. 특히 나의 글은 장난기가 가득하고 얕보기가 심했던지라 종종 진지한 선배님들의 빈축을 샀다. (중략) 우리는 허세를 부린 것도, 우습게 본 것도 아니다. '어떻게 하면 건축비평 특유의 잘난 척하고, 심각하고, 너무나 지루하고 지적 수준이 떨어지는 언설을 해체할 수 있을까'라는 것이 나의 주제였다. 당시의 건축 비평은 (지금도 기본적으로는 변하지 않았지만…) 심하게 폐쇄된 것처럼 느껴졌다.[1]

여기서 구마가 선배 건축가들의 반발을 충분히 예상하면서도 도리어 반발과 빈축을 적극적으로 불러일으키는 것을 의도했음을 알 수 있다. 그것은 여러 선배들로부터 빈축을 산 점을 자랑스러운 무용담처럼 회자하는 점에서 짐작할 수 있다.

건축 작품이나 저작, 논문과 같은 자본을 지니고 있지 않은 젊은 건축가가 층이 두꺼운 건축가계에 파고들기 위해서는 이러한 과격한(radical) 수법이 가장 **빠른** 길이다.

1980년대, 신진기예의 젊은 논객

구마는 많은 저작을 발표했는데 데뷔작은 『10택론+宅論』 (1985)이라는 책이다. 구마는 이 책에서 주택을 10종류로 분류하여 각각의 해설을 더한다. 그중에서도 특필해야 할 것은 『아키텍트파派』라는 제목의 챕터이다.

구마에 따르면 아키텍트파란 건축가에게 주택을 의뢰하는 사람이다. 구마는 아키텍트파를 "건축가에게 브랜드로서의 가치를 인정하는 사람들"이라고 말하면서 아래와 같이 비꼰다.

> 건축가라는 브랜드는 루이비통이나 에르메스 같은 브랜드와는 달리 상당히 지적인 것이다. 그렇기 때문에 이 가치를 인정한다는 것은 클라이언트도 어느 정도의 지적 수준이 있거나 혹은 지적인 것에 대해서 강한 콤플렉스를 가지고 있다는 것을 의미한다.[2]

여기서 구마는 건축가의 클라이언트를 향해서 "지적인 것에 강한 콤플렉스를 가지는 사람"이라고 엄격하게 평가한다.

구마는 클라이언트뿐만 아니라 건축가에 대해서도 신랄한 비판의 화살을 돌린다. 예를 들어 선행 세대의 건축가를 "건축가란 서구문화를 소개하는 사람으로 충분했다", "다소 억지를 부리는 능력이 있는 인간이 건축 잡지에서 '주택 작가'라는 이름으로 인기를 끌고 있다[3]"라고 했다.

게다가 "아키텍트(건축가)는 클라이언트의 평가와 마찬가지로, 혹은 그 이상으로 건축 저널리즘에 대한 작품의 평가를 중요시한다[4]"라고 갈파해 건축가란 내부 평가를 의식하는 존재임을 알아챘다.

이 시기의 구마는 건축가계에서 자신의 상대적 위치를 모색하던 때였을 것이다. 건축가계 전체를 조감하는 분석을 통하여 비평가의 시점을 획득했지만, 한편 건축가로 나아가기 위해서는 비평의 대상이 되는 건축을 만들 필요가 있다. 구마는 비평하는 쪽과 비평받는 쪽, 양쪽의 입장을 떠맡는 고된 입지를 선택한다.

이미 건축계의 젊은 논객으로 주목받았던 구마는 10택론이 출간되고 3년 뒤인 1989년에 『굿바이, 포스트모던』(1989)이라는 도발적인 제목의 책을 출간한다.

이 책은 구마가 컬럼비아대학의 객원 연구원으로 재직할 때 피터 아이젠만Peter Eisenman(1932-), 프랭크 게리Frank Gehry(1929-), 1989년 프리츠커상 수상, 필립 존슨Philip Johnson(1906-2005), 1979년 프리츠커상 수상 등 미국을 대표하는 건축가 몇 명을 인터뷰한 것을 토대로 구성되어 있다. 이 책은 초기 구마 겐고의 전략을 알기에 알맞은 자료이다.

뉴욕에 머물며 컬럼비아대학의 객원 연구원으로 일했던 구마와 미국의 스타 건축가들과의 대담이 담긴 이 책은 산문적

수사와 속물적(snob) 기호를 흩날리는 방식으로 적혀 있다. 예를 들어 책의 시작은 이렇다.

> 여느 때와 다름없이 월요일이 다가온다. 10시간 동안 계속 잠을 자고 난 뒤 나는 눈을 뜬다. 526 West 113st. Apt 51 New York, New York 10025, 먼저, 이것이 나의 주소이다. "어디 살아?", "113번지", "그런 북쪽에 살아? 완전 할렘이잖아…" 확실히 뉴욕에는 96가街의 벽이라는 말이 있어서 96가 보다 북쪽, 즉 96가보다 높은 번지가 적혀 있는 곳은 상당히 위험한 장소이다. (중략) 나는 일단 컬럼비아대학 건축도시계획학과 객원 연구원이었고 에이버리 도서관 안에는 내 전용 책장이 1미터 정도 유지되어 있다.[5]

브랜드적 가치를 지니는 '컬럼비아대학'이라는 고유명사를 흩날린 에세이풍의 문체와 각주가 많은 구성은 당시 한 시대를 풍미했던 다나카 야스오田中康夫(1956-)의 소설 『어쩐지 크리스털なんとなく、クリスタル』(1981)을 방불케 한다.

당시에 이미 세계적인 건축가 중 한 명이었던 프랭크 게리를 '바다의 집의 아저씨'라고 소개하는 등, 이 책 또한 10택론에 이어 이론가 및 비평가로서의 논의를 낱실로 삼는 동시에 패러디와 장난기를 씨실로 엮은 책이다.

컬럼비아대학에서의 연구원 생활을 마치고 귀국한 구마는

자신의 설계 사무소를 개설한다. 개설하고 바로 몇 가지 일이 날아들었다. 그중에는 훗날 그의 운명을 크게 바꾼 일도 포함된다.

1980년대, 비평가에서 건축가로(M2의 발표)

그것은 바로 자동차 회사 마쓰다의 자회사 《M2》의 본사 건물을 설계한 일이다. 광고 대행을 중심으로 하는 4개 회사를 공모한 결과 하쿠오도博報堂가 선정되었고 그들이 기용한 건축가가 구마 겐고이다. 이 건물은 1990년부터 설계가 시작되어 1991년에 준공되었다.

사무소를 개설한 지 1년도 지나지 않은 당시 36세 청년에게 총 공사비 5억 엔이나 되는 일을 맡긴다는, 현재로서는 생각하기 어려운 상황이지만 이러한 일이 가능했던 이유는 풍부한 건설투자 덕분이었다(표.2). 이를 보면 1990년 당시 주가는 이미 정점을 찍었지만 건설비는 아직 증가 추세에 있었음을 알 수 있다.

M2는 차량을 기획 및 개발하는 엔지니어와 디자이너가 사용자와의 교류를 가능하게 만든다는 새로운 발상 아래, 그 결과를 실제 차량 개발에 피드백한다는 컨셉을 가진다. 이 건물에 대해서 구마는 아래와 같이 말한다.

「표.2」 건설비와 주가

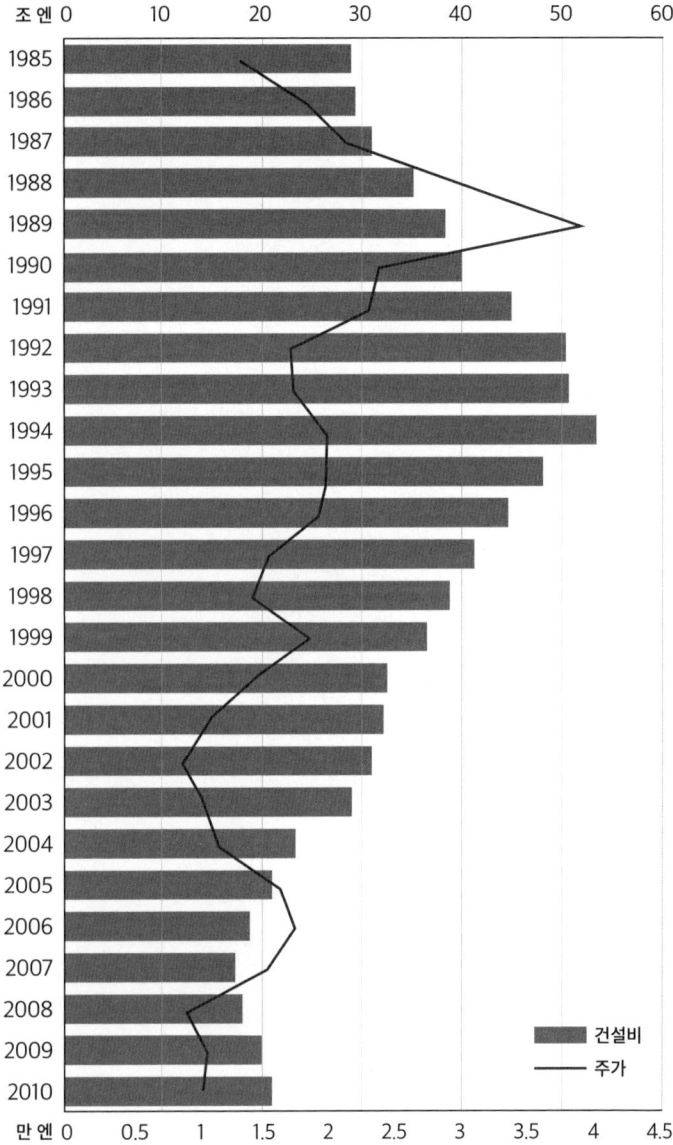

내가 M2에서 시도한 것은 이항 대립 구조와 포스트모더니즘을 함께 비판할 수 있는 관점의 도입이다. M2에는 외자본주의적 어휘(vocabulary)가 모두 극히 괴짜스러운(eccentric) 형태로 투입되어 있다. 아이오닉 오더, 코니스, 계단 모양의 페디먼트, 아치와 같은 '외자본주의적' 어휘(vocabulary). 그리고 고속도로 차음벽, 비행기용 사다리, 일본에서 최초로 채용된 실리콘 가스켓에 의한 커튼월 등의 '내자본주의적' 어휘(vocabulary)가 함께 통상의 구문론(syntax)에서 분리되어 동일 화면상에 투입된다. 고독한 엘리먼트(element)들은 중력이라는 제도에서 분리되고, 그리고 의미라는 제도에서도 분리되어 다소 쓸쓸하게, 그러나 생기 넘치는 운치로 화면 위를 떠돈다. 레트로스펙티브(retrospective)하며 노스탤직(nostalgic)한 이모션(emotion)을 환기시키는 장치로써 사용된 외자본주의적 어휘(vocabulary)가 이곳에서는 표백되어 친밀한 휴먼 스케일에서 일탈을 강요받고 폐허화로 인한 노스탈리즘(nostal-ism)의 회로가 끊어져 환環8°이라는 고속 스캐닝 튜브 위를 표류한다. '내자본주의적' 어휘(vocabulary) 또한 폐허화로 인해 그 낙천주의적 미래지향의 한계를 드러낼 수밖에 없다. 그렇게 이항 대립의 허구와 예정조화의 환상은 무참히 파헤쳐지고, 포

- 도쿄도에 있는 도로명 중 하나로 '환상 8호선'이라고도 불림

건축하지 않는 건축가

스트모더니즘의 휴머니즘의 안직함도 철저히 비판받는다. 이탈리아 건축가 피라네시Giovanni Battista Piranesi(1720-1778)는 18세기 말 그 이전 수 세기를 지배했던 고전적 세계라는 이름의 허구의 붕괴를 폐허화와 단편화로 표현했다. 산업 자본주의의 허구도, 공간의 이항 대립 또한 그렇게 비판해야 한다. 목표는 전자電子 시대의 피라네시이다.[6]

이 글을 읽고 의미가 머릿속에 쏙 들어온 독자는 과연 얼마나 될까. '어깨에 힘을 뺀' 최근의 구마가 쓴 글과 비교해보면

| M2(구마 겐고 건축도시설계사무소 제공)

다른 사람이 썼나 싶을 정도의 속물적(snob)이라는 인상을 주는 문체이다.

구마는 왜 이러한 글을 썼을까. 나는 여기에 구마의 전략이 담겨 있다고 생각한다.

M2가 발표된 당시, 포스트모던 건축은 이미 일본 곳곳에 지어졌고 일반적인 건축을 발표해도 임팩트가 적었다. 젊은 건축가의 데뷔작으로서 확실하게 손톱자국을 남기기 위해서는 상당한 임팩트가 필요하다.

전략가 구마라면 일부러 포스트모던과는 거리가 먼 작품을 내놓겠지만 구마는 포스트모던의 무브먼트에 대해서 정면으로 도전하고자 했다. 도쿄대, 건설사 설계부, 컬럼비아대학이라는 자본을 가진 구마는 기습이 아니라 정공법으로 돌파하고자 한 것이다.

그런데 뜻밖에도 이 작품은 혹평을 받게 된다. 구마의 M2가 준공된 것은 1991년 10월이다. 그로부터 정확히 2년 후인 1993년 10월, M2에 관한 비판적인 기사가 일반지에 게재된다. 그 기사는 『버블 건축의 끝, 개성적 표현의 종언』이라는 제목이다.

"버블의 붕괴와 동시에 적은 쓰러졌다. 더 이상 돈키호테를 할 필요는 없다"라고 말하는 구마 겐고 씨. 재작년 가을 도쿄 세타가야구世田谷区 내 환상 8호선 근처에 거대한 이

건축하지 않는 건축가

오니아식 원기둥을 중앙에 배치한 빌딩, M2를 설계한 건축가이다. 르 코르뷔지에나 미스로 대표되는 근대 건축의 시대에는 장식이 없는 형태가, 1980년대 포스트모던의 시대에는 장식성을 중시한 역사적 양식이 건축 디자인의 특권적 형태였다. 그래서 구마 씨는 유리의 커튼월이라는 근대 건축의 형태와 이오니아식 기둥이라는 역사적 양식을 결합한 M2를 만들어 특권적 형태를 부정하고자 했다. 그런데 있다고 믿었던 이 특권적 형태는 버블이 사라진 지금에는 이미 없고 M2의 이오니아식 원기둥은 허공을 떠받칠 뿐이다. 구마 씨의 계략은 보기 좋게 고꾸라졌다.[7]

여기서 구마가 "더 이상 돈키호테를 할 필요는 없다", "버블의 붕괴와 동시에 적은 쓰러졌다"라고 말한 부분에서 알 수 있는 점은 작품에 담은 비평의 표적이 되는 범위는 건축가계 내부라는 사실이다.

구마는 일부러 버블 붕괴 후 포스트모던의 건축을 설계한 것이다. 그러나 그 결과는 폭발적인 반발이었다. 구마를 기다리고 있던 것은 10여 년간 도쿄에서의 일이 거의 사라져 버리는 혹독한 사태였다.

그 시절을 회상한 구마는 "건축이란 아무리 노력하고 지혜를 짜내도, 결국 사회의 적으로 간주되는 상황을 피부로 느꼈다. 건축이라는 일에 종사하는 것 자체가 악이고 시대착오적이며 어쩔 수 없는 악의 낙인이 찍히는 것과 같다는 생각에 굉장히 어두워졌다[8]"라고 술회한다. M2를 향한 구마의 실패는 이후 그의 커리어에 오랫동안 영향을 미치게 된다.

1990년대, 건축을 지우고 싶다는 바람과 형태의 부정

구마의 제2기에 해당하는 1990년대란 어떤 시대였을까. 90년대 구마의 방법론은 '건축을 지우고 싶다'라는 욕망과 '물질과 마주한다'라는, 언뜻 보기에는 상반된 자세로 상징된다.

  90년대 초반의 구마는 건축이라는 물리적 형태에 담긴 비평성이 훗날 혹독한 비난의 대상이 된 경험에 근거하여 형태를 지우는 방향에 나아간다. "단 한 번이라도 형태를 나타내는 즉시 어떠한 반발, 대가가 있지 않을까라는 생각이 뼛속까지 파고들었다. 형태를 나타내는 것에 대한 공포에 가까운 감정마저 들었다[9]"라고 말한 것처럼 형태를 나타내는 것에 상당히 과민해진 모습을 알 수 있다.

  1994년, 시코쿠四国의 에히메현愛媛県에 전망대를 건설하는 프로젝트 의뢰가 구마에게 날아든다. 이마바리시今治市 앞바다에 있는 오시마大島 중앙부에 있는 작은 산, 키로우산亀老山에 전망대를 설치하는 계획이다.

  여기서 구마는 과감한 방법을 사용한다. 전망대를 '매몰'시킨 것이다. 일반적으로 전망대는 전망이 좋은 곳에, 더욱이 돌출시킨 형태로 짓는다. 구마의 전망대는 그러한 상식에서 벗어난 황당무계한 계획이다.

구마는 전망대를 지우고 싶다는 생각을 했으며, 오브젝트로서 돌출하는 전망대가 아니라 땅에 파고든 일종의 균열로 존재하는 전망대를 구상했다고 한다.

이러한 아이디어가 생겨난 배경에는 형태를 나타내는 행위에 대한 구마의 우려도 있었겠지만 전망대를 그저 경치를 보기 위한 장치라고 생각할 경우, 경치를 보여주기 위한 기능이 필요할 뿐 전망대 자체에 형태는 불필요하다, 또한 전망대는 방해되기 때문에 숨겨야 한다는 생각이 있었다. 형태에 대한 비난과 키로우산 전망대의 설계를 통해서 물리적 건축이라는 존재에 재차 사고를 순환시켜 '오브젝트'라는 키워드를 제출했다.

오브젝트에 대해 구마는 2000년에 출간한 저작『반反오브젝트-건축을 녹이고 부수다反オブジェクト―建築を溶かし、砕く』에서 다음과 같이 적는다.

한 마디로 요약하자면 자기중심적이고 위압적인 건축을 비판하고 싶었다. 그것은 특정 건축 양식에 대한 비판이 아니다. 건축이 발하는 일종의 독특한 존재감, 분위기. 그것을 비판하고 싶었다. 이를 오브젝트라는 언어로 표현해 본 것이다. (중략) 오브젝트란 주위 환경으로부터 절단된

물질의 존재 형식이다.[10]

　전망대를 의뢰한 마을의 행정 측은 전망대가 섬과 마을의 상징이 될 것을 기대하였다. 그러나 구마는 오브젝트를 짓고 싶지 않았다. 이 모순을 해결하기 위해 구마는 많은 시행착오를 반복한다. 하지만 아무리 계획안을 스터디해도 납득할 만한 아이디어에 도달하지 못해 상당히 고생한 듯하다. 구마가 이 모순을 어떻게 해결하고자 했는지는 아래의 이야기에서 짐작할 수 있다.

　매장埋蔵이란 단순히 땅에 건축을 매설하는 것이 아니다. 바로 건축의 존재 형식을 반전시키는 것이다. 오브젝트, 즉 자기중심적 존재형식을 반전시키고 오목한 존재형식, 철저하게 수동적 존재형식의 가능성을 더듬는 것이다. 존재형식을 온존한 채로 매장하는 것은 매장이 아니라 오브젝트의 은폐이다.[11]

　구마는 건물을 지상에 돌출시킬 경우 그 자체가 오브젝트로 성립하는 것을 단순히 지하에 묻는 방식이 아닌 처음부터 지하를 향해 건물을 설계하는 방법을 취한다. 그 결과 전망하는 기능만 남기고 외관이나 형태가 없는 건물을 만드는 데 성공한다. 아크로바틱한 수법의 전환이다.

이 발언은 안도 건축을 향한 안티테제로도 볼 수 있다. 안도는 나오시마直島에 있는《지중미술관地中美術館》(2004)의 설계에서 골조 대부분을 땅속에 묻었다. 그러나 항공 사진을 통해서도 잘 알 수 있듯이 그 형태는 원이나 사각형의 기하학을 기반으로 한 강력한 모티브가 사용된다. 이러한 수법은 앞서 구마가 이야기한 오브젝트의 은폐에 해당한다고 볼 수 있다.

1990년대, 탈脱-콘크리트로서의 자연 소재

구마가 지방에서 작업했던 초기 프로젝트 중에는 고치현高知県 유스하라초檮原町의 지역 교류 시설의 건설이 있다. 현지에서 채취할 수 있는 목재를 많이 사용한 이 작품은 훗날 건축가로서의 스탠스를 결정짓는 지표가 된다.

앞서 설명한 것처럼 구마는 90년대 자신이 의거한 방법론에 대해서 '건축을 지우고 싶다'와 '물질과 마주한다'라는 두 가지 키워드로 설명한다. 그리고 물질과 마주한다는 것은 자연 소재와 차분히 마주 보는 것을 의미한다.

어째서 구마는 자연 소재와 차분히 마주하는 방법론을 사용했을까. 우선 자연 소재를 이용한 그의 건축에 대한 이야기를 살펴보도록 하자.

구마는 2000년에 두 가지의 자연소재를 사용한 중요한 작품을 준공시킨다. 첫 번째는 도치기현栃木県 나스군那須郡 나카가와초那珂川町에 건설된 《나카가와초那珂川町 바토馬頭 히로시게 미술관広重美術館(이하 히로시게 미술관)》이다. 무라노 토고村野藤吾(1891-1984)상을 받은 이 작품에서 구마는 불에 타지 않는 나무를 사용했다.

구마는 구가旧家에서 기증받은 안도 히로시게安藤広重(1797-1858)의 작품을 전시하는 미술관 계획에 대해 부지의 뒷산에서 자란 삼나무를 사용할 계획이었다고 한다. 그러나 외벽에 목재를 사용하는 것은 현재 건축기준법상 상당히 어려운 일이다.

건축기준법에 따르면 미술관 등 특수건축물은 내화耐火 건축물 또는 준내화準耐火 건축물일 필요가 있다. 즉 목재를 개량하여 불연재不燃材로서의 성능을 도출시키지 못하면 법규상 건설은 불가능하다.

그러나 구마는 어렵다고 알려진 삼나무의 불연화不燃化 연구에 매진하는 어느 연구자와의 협동으로, 무사히 불연재로 된 삼나무재材를 얻을 수 있었다. 구마는 그 불연화의 삼나무재를 사용하여 건물의 외벽을 루버로 두르는 디자인을 구현하는 데 성공한다.

구마는 이 건축에 화지和紙, 재래식 일본 종이라는 부드러운 소재를 사용했다. 일본 전통가옥에는 장지문 등으로 대표되는 것처럼 창호에는 화지가 사용되어 왔다. 그러나 현대의 공공건축에 화지를 이용한 내벽을 만든다는 것은 기술적인 어려움

보다 이를 채택하기 위해 관계자들을 설득시키는 것이 더 어려웠던 듯하다. 이때의 모습을 구마는 아래와 같이 기록한다.

> 벽의 화지에 대해서 건설 위원회로부터 이의가 제기되었다. 아이가 화지를 무조건 찢는다는 것이다. 찢어지면 직접 붙이러 올 거냐며 협박을 당했다. 하지만 정말 아이가 화지를 찢을까. 지금도 료칸에 가면 장지문투성이다. 그렇다고 아이가 그것을 찢고 다니지는 않는다. 료칸이라는 공공 공간 안에서도 화지는 소중하게 사용되고 있다. 약한 물건이라도 소중히 다룬다. 약한 물건이기 때문에 소중히 다루는 것이 일본의 문화일 텐데, 건설 위원회는 납득하지 않는다. [12]

그 후에도 구마는 건설 위원회를 설득하지 못했다. 그래서 화지 뒷면에 플라스틱으로 만든 화지를 덧댄다는 차선책을 제안했고, 결국 그것이 채택되었다.

그리고 히로시게 미술관과 동일한 시기에 매주 가까운 장소(도치기현栃木県 나스군那須郡 나스초那須町)에서 《돌 미술관》이 준공되었다. 지방의 석재 가게가 돌의 매력을 전달하기 위해서 건립한 미술관이다.

"현지의 돌을 사용하여 돌의 매력을 전달할 수 있는 미술관을 설계해달라"라며 클라이언트로부터 부탁을 받았을 때 구마는 상당히 곤혹스러웠다고 한다. 왜냐하면 대리석이나 화강암 같은 고급스럽지 않은 '시멘트와 다를 게 없는 밋밋한 돌[13]'을 건물의 디자인 요소로서 어떻게 사용해야 좋을지 난처했기 때문이다.

  그 이유는 석재를 표층 마감으로 사용하고자 했기 때문이다. 이에 구마는 콘크리트로 골조를 만든 뒤 석재로 표층을 장식하는 방법이 아닌 석재 자체로 건물을 만드는 방식을 채택한다.

  그것은 조적조라는 가장 원시적인 방법이었다. 적당한 크기로 자른 돌을 인간의 손으로 쌓아가는 것이다. 그 조적조 벽에서 여러 개의 돌을 빼내어 바람과 빛이 빠져나갈 수 있도록 한다. 이렇게 함으로써 안과 밖이 완만하게 연결된다.

  이러한 방법을 채용한 이유를 구마는 아래와 같이 말한다.

  오래된 창고를 보존하는 프로젝트의 경우 건축가들이 자주 하는 것은 유리나 철과 같은 모던한 소재와 오래된 건축을 결합하는 기법이다. 이러한 방식의 경우, 신구의 대비가 너무나도 심해진다고 나는 느꼈다. 20세기 건축가는 대비(contrast)를 좋아하고 대비를 통해서 자신이 구축한 새로움을 주장하고자 했다. 바로 새로움에 결정적인 의미가 있다.[14]

이 작품은 M2에서 보여준 복잡 괴기한 형태로부터의 결별이자 콘크리트로부터의 결별이기도 하다. 구마가 자연 소재를 사용하게 된 계기로는 콘크리트에 대한 비판이 있다.

구마는 콘크리트란 세계 어디에서나 구할 수 있는 재료이고 또한 비교적 쉽게 시공할 수 있으며 표면에 마감재를 붙임으로써 어떠한 건축이든 만들 수 있는 강한 재료라고 한다.

구마는 "세계가 콘크리트와 철로 도배되는 흐름에 대항하여 로컬의 물질을 사용하고 로컬의 장인과 협동하여 '보이지 않는 건축'을 만드는 것이 이 2기의 방법론이었다[15]"라고 말했다.

구마가 1990년대의 작업을 통해서 시도하고자 했던 것은 콘크리트에 의해 지어진 오브젝트에 대한 안티테제였다.

콘크리트를 향한 구마의 집요한 비판과 그 안티테제로서의 자연소재를 향한 집착은, 당시에 이미 큰 존재가 된 안도 다다오를 향한 비판과 그로부터 자신을 차별화하고 싶다는 의미도 크다고 생각한다.

구마는 20세기를 콘크리트의 시대라고 말한다. 그 이유로는 글로벌화의 진전과 콘크리트의 궁합이 매우 좋았기 때문이다. 콘크리트는 모래, 자갈, 시멘트 등의 지극히 원시적인 (primitive) 재료로 구성되어 있어 재료의 조합도 간단하다. 따라서 세계 어디서나 장소를 가리지 않고 시공할 수 있다. 안도가 콘크리트를 선택한 이유이며 구마가 콘크리트를 선택하지 않은 이유이다.

1990년대, 구마 겐고와 지방

1990년대 구마의 작업에서 나타난 키워드 중에서 잊어서 안 되는 것이 바로 '지방'이다.

그때까지만 해도 구마는 도시의 건축가였다. 도쿄를 거점으로 도쿄에서 일했다. 하지만 M2의 혹평 이후 도쿄에서의 일이 취소되는 등 순조로웠던 건축가로서의 활동에 노란불이 켜지기 시작한다. 구마는 이후 약 10년에 걸쳐 도쿄로부터 '추방'된 것이다.

그러나 이미 보았듯이 구마는 지방에서 받은 의뢰를 통해서 90년대를 극복해나갔다. 특히 구마에게 활약의 장소를 제공한 것은 고치현高知県의 유스하라초檮原町였다. 구마는 유스하라에서 2022년 3월 현재까지 5건의 건축을 만들었다.

1990년대 지방의 일에서 구마가 배운 것은 비합리적, 비효율적인 일의 진행 방식 속에 깃든 모노즈쿠리ものづくり와도 같은 것이다.

유스하라에서 목수나 미장을 포함하여 대나무와 화지의 장인과 다양한 이야기를 주고받았다. 대나무 바구니 모양의 조명기구의 가장자리를 실로 뜰지 말지 하는 사소한 이야기조차 서로가 질릴 정도까지 이야기를 나누었다. (중략) 도쿄의 현장에서 현장 소장 이외의 사람들과 대화할 기회는 거의 없다. 소장이 일괄적으로 정보를 관리하지 않으면 (중략) 비용도 스케줄도 조정할 수 없다는 그럴싸한 이유이다. 그리하여 도쿄의 현장에서는 물질의 생생한 목소리를 들을 기회는 상실되고 기성의 여러 종류의 디테일의 복사 및 붙여넣기가 반복된다. 물질과 신체가 서로 대항하는 접점을 잃어버리는 셈이다. 그런 답답한 도쿄라는 곳을 벗어나면 얼마나 생기가 넘쳐나는지, 유스하라가 가르쳐 주었다.[16]

여기에 도쿄의 건설 현장에서는 있을 수 없는 장인과 협동하는 모습이 상세히 적혀 있다. 구마는 지방에서 활동하면서 도쿄에서는 획득할 수 없었던 수법이나 관점을 획득하고 그것을 자본으로 축적하는 일에 성공한다.

2000년대 초반, 구마는 도쿄에서의 일이 다시 늘어나기 시작한다. 그 이후 구마의 활약은 현재에 이르기까지 지극히 순조로워 보인다. 개인적으로 현재 구마의 활약에 대한 가장 큰 원동력은 이 지방에서의 경험과 거기서 실현된 작품군에 있다고 생각한다.

2010년대 이후 지방에 시선이 쏠리고 있다. 그 이유로는 인터넷 환경과 기업의 유연한 근무 형태의 정비가 상호 진행되어 근무지와 관계없이 일하는 방식이 가능해진 점도 있으며, 연장 세대가 가졌던 도쿄를 향한 막연한 동경이 기세를 잃었다는 점도 있을 것이다.

대략적인 조사지만 지난해 내가 담당하는 200명 정도의 수강자가 있는 수업에서 "근무지를 고를 수 있다면 도쿄를 희망하는 사람?"이라는 질문을 던졌다. 도쿄가 좋다고 답한 학생은 고작 몇 명에 불과했다. 많은 학생들이 지금처럼 관서지방에서 계속 살고 싶다고 답하거나 더욱 시골에서 살아도 좋다고 답했다.

나 또한 필드 워크로 이주자가 늘어나 활성화되고 있는 지방에 가는 경우가 있다. 그러한 지역의 특징은 시골임에도 도시적 감각을 지니는 이주자가 많다는 점이다.

1990년대에 유스하라초에 올라탄 구마는 바로 이 이주자가 지니는 도시적 감각을 반입시켰다. 시골에는 풍부한 자연 소재와 전통 공법이 숙련된 장인들이 많다. 구마는 그러한 장인과의 협동이나 전통적인 소재와 공법을 활용하였고 더불어 도시적인 센스를 융합시킨 건축을 만들었다.

2000년대, 수법의 변화

2000년대 이후의 구마 건축에는 형태를 지우려는 시도가 보이지 않는다. 오히려 소재(특히 목재)의 질과 양을 앞세우는 디자인이 눈에 띄기 시작한다. 그토록 '반反오브젝트'를 내걸고 형태를 지우는 일에 집착했던 구마는 어떠한 계기로 그 수법을 바꾸었을까. 그 계기는 해외 공모전의 참가에 있다.

구마는 1990년대에 발표한 작품이 해외에서도 높은 평가를 받아 여러 차례 상을 받는다. 이후 해외에서 지명 공모전 참가의 의뢰를 포함한 다양한 제안이 들어온다. 그 결과 해외의 일자리가 절반의 비중을 차지하게 된다. 해외에서의 일의 비율이 증가한 구마는 지금까지의 국내를 한정한 투쟁 방식을 의식하여 바꾸고자 한다.

그 계기로는 공모전의 연패에 있다. 한국의《백남준 미술관》(2003)의 공모가 바로 그 예이다.

> 건축을 지운다는 방법론을 담은 아이디어는 심사위원들에게 조금도 평가되지 않았다. 특히 내가 너무나 마음에 들어 했던 아이디어라 더욱 분했다. 일등의 작품과 우리가 제출한 작품을 냉정하게 비교해 사무실 안에서 논의하기도, 건축을 지운다는 접근법으로는 국제 공모전에서 영원히 이길 수 없는 것이 아니냐는 의견도 나왔다. [17]

이처럼 구마는 자신이 작품에 담아낸 비평성과 국제적인 건축가계의 동향이 어긋나는 점에 대해 고민하기 시작한다. 90년대 구마의 방법은 건축을 지워가는 것이었다. 그러나

2000년 이후 세계 건축의 조류는 프랭크 게리Frank Gehry(1929-), 1989년 프리츠커상 수상가 설계한 《빌바오 구겐하임 미술관》(1997) 이후 심볼릭한 형태의 건축이 지지받게 된다.

2000년대, 생물이라는 키워드

이러한 국제적인 건축가계의 조류 속에서 공모전에 관해 압도적인 힘을 자랑한 것이 자하 하디드Zaha Hadid(1950-2016), 2004년 프리츠커상 수상였다(자하는 유기체나 유체를 연상시키는 압도적인 존재감을 가진 건축을 만드는 건축가이다). 구마는 그녀에게 공모전에서 패배한 적도 있어 지금까지의 '건축을 지운다'라는 수법에 대해서 망설이기 시작한다.

구마는 "어쩌면 지우고 싶은 마음과 보여주고 싶은 마음은 예전에 생각했던 것과는 달리, 동떨어진 것도 대립하는 것도 아닐지도 모른다[18]"라고 생각하기 시작했고 이러한 '이항 대립' 그 자체는 허무맹랑한 것이라는 결론에 이른다. 그리고 그것을 매개하는 키워드는 바로 생물이었다.

예를 들어 생물이 둥지 하나를 지을 때도 그것은 어느 의미에서 적에게 노출되지 않는 '보이지 않는 둥지'이며 다른 의미에서는 둥지에서 생활하는 동료들이 발견하기 쉬운 '보이는 둥지'여야만 한다. (중략) 생물이란 그렇게 복잡한

둥지를 만들어 왔기 때문에 살아남을 수 있었던 것이다.[19]

그러한 아이디어는 폴란드의 바르샤바에 계획된《유대인 미술관》에 관한 공모전에서 접목된다. 그 건물의 건설 예정지의 지하에는 제2차 세계대전으로 파괴된 유대인 게토의 잔해가 묻혀 있다고 한다. 구마는 그것을 파내어 쌓아 올리는 수법을 택한다.

다만 실물을 파내어 쌓을 수는 없기 때문에 그렇게 보이는 형태의 건축을 제안한 것이다. 미술관 내부에는 공孔이라고 부르는 틈새를 통해 접근한다. 구마는 "환경과 대립한 객체라는 형식에 대한 비평으로서 공이라는 형식을 대치시키고자 했다[20]"라고 말한다. 그리고 지금까지 자신의 수법을 다음과 같이 반성적으로 총괄한다.

내 머릿속에는 끊임없이 '오프젝트(탑)vs공'이라는 이항 대립의 도식이 존재해왔다. 많은 건축론이 이항 대립의 도식에 따라 계속해서 쓰였다. '피라미드vs미로', '수컷의 건축vs암컷의 건축' 등 다양하게 변형된 형태로 불리면서 이 대립은 건축론의 중심을 차지해왔다.[21]

이항 대립의 도식으로 파악한 '탑'과 '공'은 사실, 이항 대립이 아니라 동일한 것의 반전이며 더 나아가 '들어간다', '나온다'라는 행위 또한 동일한 행위의 주관적 해석에 의한 차이일 뿐이라고 말한다.

그리고 구마는 자신이 신체라는 개념을 이용하여 건축을 생각하고 있음을 깨닫는다. 이에 대해 그는 "신체의 은유로서 건축과 형태를 생각하는 것이 아니다. 신체에 맞서 출현하는 현상으로서 건축을 생각하기 시작했다[22]"라고 말한다.

지금까지도 신체나 생물에 의거한 건축은 적지 않다. 그러나 그러한 선대의 건축에 대해서 구마는 신랄하다. 유기적 건축을 표방한 프랭크 로이드 라이트Frank Lloyd Wright(1867-1959)의 건축을 '패션'이라고 딱 잘라내고 또한 생물이 가진 신진대사를 건축의 개념에 응용하려던 메타볼리즘의 중심인물이었던 구로카와 기쇼가 제출한 『공생의 사상』에 대해서도 "19세기적 생물감에서 벗어나지 못하고 있다[23]"라고 매우 호되게 논박한다.

20세기 건축론은 형태의 건축론이자 시체의 건축론이었다. 시체는 이항 대립으로 구성되어 있다. 그러나 살아 있는 어느 생물은 이항 대립을 쉽게 초월한다. 살아 있는 한, 살 것인가 죽을 것인가의 이항 대립은 무의미하다. 우리는 살고 싶다거나 죽고 싶다를 멋대로 고민하지만, 사실은 환경이라는 압도적인 관계에 의해 살거나 죽임을 당하는 것이다. 이렇게 우리는 겸허한 생명관의 시대에 살고 있다. 이러한 겸허한 생명관에 기초한 새로운 유기적 건축을 제시하는 것이 나의 소망이다.[24]

인용의 마지막 부분에 적힌 "겸허한 생명관에 기초한 새로운 유기적 건축"이라는 것이 바로 현재 구마 겐고의 건축에 관한 주제이다. 이것은 시대를 읽으려 했지만 결국 시대에 농락당한 구마 겐고가 도달한 하나의 경지라고 할 수 있다.

동시에 이것은 구마 건축의 강함이기도 하다. 구마가 라이벌로 삼은 안도 다다오는 콘크리트와 철과 유리라는 탈脫컨텍스트적인 건축의 언어를 세련되게 사용함으로써 세계적인 인기를 얻었다. 구마는 그 수법을 부정하고 로컬의 소재 및 공법과 현대적인 디자인을 융합하는 것을 고심해왔다.

그 배경에는 건축이란 이를 근거로 지어지는, 시대나 장소에 농락당하기 쉬운 약한 것이라는 건축관이 있다. 다시 말해 겸허한 생명관에 기초한 새로운 유기적인 건축인 것이다.

마무리하며

구마는 사회 환경의 변화를 예민하게 감지하면서 자신의 입지를 바꾸었다. 「무엇이 안도 다다오의 자본이 되었는가」에서 이야기한 안도 다다오가 손에 쥔 한정된 자본을 가득 활용하고 이를 강화해나가는 방향으로 건축가계에 발판을 마련한 점과는 대조적이다.

본문의 「주택을 설계할 수밖에 없는 건축가」에서도 서술했지만 건축가는 세대에 따라 분류되는 경우가 많다. 그리고 새로운 세대는 전 세대의 가치관이나 이념을 부정하는 수법이나 로직을 베팅금으로 삼아 건축가계에 참가한다.

젊은 층의 자본은 '선행 세대를 부정하는 로직뿐'이라고 해도 과언이 아니다. 그리고 그것이 과격할수록 주목도는 높아진다. 그러나 동시에 매우 위험한 행위이기도 하다.

구마는 대학원생 때부터 탁월한 문장 감각을 구사하며 비평적인 언설을 양산했다. 너무나도 거대한 자금이 소용돌이 치던 버블 경제의 잔재는, 당시 구마와 같은 젊은 건축가들이 비교적 큰 규모의 건축을 설계할 수 있는 기회를 제공했다. 그리고 그는 건축가계에 대한 비판을 담은 건축을 완성했다.

그러나 그것은 혹평을 받았고 그는 도쿄에서의 일거리를 잃었다. M2의 실패와 그 후의 지방에서의 일은 구마가 탁월화의 전략을 다시 짜는 계기가 된다.

그는 비평성을 앞세운다는 자세를 그대로 유지하는 동시에 수법만을 전환한다. 자연 소재를 사용하여 현지의 장인들과 협동함으로써 도쿄에서는 할 수 없는 건축을 만든다. 철저하게 콘크리트를 부정함으로써, 현대 건축가계에 거대한 존재가 된 안도 다다오와의 차별화를 꾀한다.

그 전략이 성공하여 2000년대 이후 구마는 다시 주 무대에 복귀한다. 지방 시대에서 기른 수법에 〈반反오브젝트〉, 〈지는 건축負ける建〉* 등 이목을 끌기 쉬운 문구를 붙여 자신만의 건축을 선전하는 일에도 성공한다.

「건축가를 꿈꾸던 사회학자, 건축가를 말하다」에서도 말했듯이 구마는 건축가계 전체를 조감하는 비평가의 시점을 지닌다. 구마는 눈앞의 일과 격투하면서도 늘상 건축계 전체의 동향을 파악해 최적의 위치에 자신을 자리매김하는 일에 능숙하다.

그러나 건축가와 비평가의 양립이 얼마나 어려운지는 구마의 데뷔 이래 궤적을 따라가면 잘 알 수 있을 것이다. 그것은 여기서 보여준 그대로이다. 비평가의 시각을 가지면서 그 비평의 대상이 되는 결과를 만든다는 것은, 끊임없는 이상과 현실의 모순에 살을 깎아내는 것과 다름없다.

비평가의 관점을 내재하면서, 동시에 반성적인 태도로 건축가로서 작품을 만드는 일은 이 책의 테마에 비추어 보면 후기 근대를 사는 사람들의 재귀再帰적인 자기상을 방불케 한다.

후기 근대를 살아가는 우리들은 항상 자신을 돌아보고, 성찰하고, 업데이트함으로써 미지의 내일을 대비해야 한다. 그것은 개인뿐만 아니라 모든 직업인에게도 해당된다. 구마가

• 국내에서는 「약한 건축」으로 출간

구현하고 있는 건축가의 모습이란 후기 근대에 잘 적응한 건축가의 모습이라고 할 수 있다.

끊임없는 반성과 전진의 과정 속에서 이상과 현실의 모순에 살을 깎아내는 자신의 고충을 적나라하게 드러내고 이해하기 쉬운 말로 언어화시킨다. 이는 활자가 되어 대중에게 노출되고, 그렇게 구마 겐고라는 건축가에 대해 공감하는 사람들을 낳고, 구마 겐고라는 브랜드를 강화시킨다.

거리에서 이름과 얼굴을 되찾은 건축가

'건축가의 해체'란 전통적인 건축가의 역할을 해체한 뒤 건축가의 모습을 새로이 만들어 가자는 것이 그 취지이다. 짓지 않는 건축가 혹은 얼굴을 비추는 거리의 건축가처럼, 건축가의 해체를 선보인 건축가들이 등장했다. 이들이 등장한 배경과, 이들이 만드는 건축을 이야기한다.

해체되는 건축가의 직능

안도 다다오나 이토 도요의 탁월화를 위한 방법이 현대 젊은 건축가에게도 통용될 수 있을까. 유감이지만 답은 아니라고 할 수밖에 없다.

내가 교토에 있는 예술대학의 통신교육 과정에서 건축을 배운 것은 2000년대 초반의 일이다. 설계과목 담당 교원이 "앞으로 일본에서 건축가의 일은 점점 없어질 테니까 너희들, 건축을 만들고 싶으면 중국이나 동남아에 진출하는 방법밖에 없다"라고 했던 기억이 난다.

일본에는 건축가로서 탁월해지기 위한 자원이 더 이상 남아 있지 않다는 인식은 그 무렵부터 공유되기 시작했다. 그로부터 20년이 지나보니 건축가가 거대하고 심볼릭한 건축을 개인의 이름으로 설계하는 경우는 확실히 줄어든 것 같다.

「아비투스, 건축가가 되기 위해 필요한 자본」의 마지막 부분에서 나의 아버지가 건축가로서 성공하지 못한 이유를, 건축가계안에서 탁월화를 위해 필요한 자본이나 아비투스의 부재에서 찾았다. 그러나 시간은 흘러 현대의 건축가는 건축가계 안에서의 탁월화를 추구하는 것만으로는 먹고살 수 없는 절실한 상황에 놓여 있다.

건축가의 프론티어

앞서 살펴본 것처럼 공공건축의 설계에 건축가가 초빙되는 일은 극히 줄었으며 지진 재해의 복구 프로젝트에도 초빙되지 않고 있다. 단독주택 또한 기본적으로는 하우스 메이커*나 각 지역의 공무점**이 활약하는 무대이다. 건축가계의 탁월화를 꿈꾸더라도 많은 젊은 건축가들은 앞으로 밝은 미래를 내다보기는 어려울 것 같다.

그러나 관점을 바꾸면 건축가에게 밝은 미래가 열려 있다고 생각한다. 프론티어는 오히려 그들이 보지 못한 곳에 있다.

아비투스는 자기가 보고 싶은 것만 보도록 만든다. 가치관이나 미의식에 맞지 않는 것은 혐오하고 배제한다. 건축가는

---

* 단독주택을 전문적으로 짓는 대기업 형태의 회사
** 특정 지역을 거점으로 건축 공사를 하는 비교적 작은 규모의 회사

자신이 직접 만든 건물을 '건축'이라며, 일반 '건물'과 분리하고 특권화해왔다. 그 외에는 논의할 가치도 없다는 태도로 줄곧 상대하지도 않았다.

그러나 건축가가 혐오하고 배제해 온 것들 중에도 건축가의 직능이 요구되는 장면이 늘고 있다. 즉 향후 건축가의 직능은 그들이 거들떠볼 생각조차 하지 않았던 '건물'과 관련된 일에 속하는 것이다.

더군다나 지금은 유례없는 빈집空き家의 시대이다. 현재 일본에는 800만 개가 넘는 빈집이 존재한다. 이에 더하여 인구는 향후 일관되게 줄어들 것이다. 지금과 동일한 페이스로 계속해서 건물을 짓는다면 앞으로 엄청난 수의 빈집이 생겨날 것은 불 보듯 뻔하다. 그렇기 때문에 건축업계 전체에 대한 구조 전환의 필요성이 제기되고 있다.

건축학자 마츠무라 슈이치松村秀一(1957-)는 이러한 구조 전환의 필요성을 〈상자의 산업에서 장場의 산업으로〉라는 알기 쉬운 캐치프레이즈로 설명해왔다. 상자의 산업이란 "엄청난 수의 스톡을, 사람들이 즐겁고 풍요로운 생활을 할 수 있는 장소로써 새롭게 마련하고 조립하는 새로운 타입의 일[1]"이라고 한다. 이는 오롯이 건축가만을 향한 메시지는 아니지만 건축가가 살아남는 방법에 대해서도 시사하는 바가 크다.

건축가의 해체

이처럼 건물에 얽힌 대표적인 일이 바로 리노베이션이다.

미우라 아츠시三浦展(1958-)에 의하면 2001년부터 리노베이션이라는 단어가 포함된 타이틀의 서적이 등장하기 시작하여 2003년, 단번에 증가했다고 한다. 이러한 이유로 미우라 아츠시는 2003년을 '리노베이션의 원년[2]'이라고 부른다. 리노베이션이란 본래 도시에 사는 일부 사람들의 고감도의 취미라는 포지션에 속했지만 점차 일반적으로 받아들여지기 시작했다.

최근에는 지속 가능한 발전에 이바지하는 대처 방식으로 세계적으로도 중요시되고 있다. 2021년에 건축계의 노벨상이라고도 불리는 프리츠커 상을 받은 것은 리노베이션을 중점으로 설계 활동을 계속해 온 라카톤&바살Lacaton&Vassal이다.

또한 2015년 터너상Turner Prize을 수상한 영국 건축집단 ASSEMBLE은 노숙자들과 함께 건축을 만드는 등, 이처럼 만드는 과정에 착목한 활동을 펼친다. 단순히 새로운 용도에 끼워 맞추기 위해서 오래된 건축물의 방 배치를 바꾸거나 외관을 깔끔하게 꾸미는 것이 아닌, 현지의 건축 재료를 이용하거나 폐자재를 재활용하거나 건설 프로세스에 지역 사람들이 관여하도록 만드는 등 건축 재료나 건축을 만드는 프로세스에도 다양한 연구를 기울인다. 건축가의 직능은 참신하고 모던한 건축물을 만들어 내는 것만이 아니게 되었다는 의미이다.

그렇게 되면 오히려 건축가의 아비투스는 자유롭게 직능을 펼쳐나가는 데에 족쇄가 될 수도 있다. 남아도는 빈집이나 빈 점포를 앞에 두고 "이건 건축이다", "그건 건물이다"라며 분별해도 소용없다. 또한 건축가의 직능을 지키기 위해 노력한 나머지 건축가와 비非건축가를 나누어 인식하는 것도 의미가 없다. 왜냐하면 앞으로는 다양한 직능을 가진 많은 플레이어와 유연하게 협동하는 장면이 많아질 것이기 때문이다.

내가 참여 관찰[3]을 진행한 어느 리노베이션 현장에서는 건축가와 목수를 비롯한 여러 건축 장인들이 대등하게 논의하면서 디자인을 결정하고 있었다. 여기에 클라이언트도 참여하여 관계자들과 대등한 입장에서 대화를 나누며 디자인을

| 벽을 칠하는 아마추어(필자 촬영)

결정하던 현장도 있었다.

또한 현장에 도와주러 온 유학생 여성이나 주부, 바텐더, 목공장인과 같이 건축을 생업으로 삼지 않는 사람들이 시공이 끝날 무렵에는 어느 정도 목수 기술을 익히는 장면도 적지 않게 보았다.

게다가 벽의 미장 등 위험이 적은 시공 파트에 대해서는 SNS의 모집에 관심을 가진 사람들이 참여하는 등, 때로는 프로와 아마추어가 뒤범벅되어 시공하는 장면도 볼 수 있었다. 나도 참여 관찰하면서 할 수 있는 공정은 도왔다. 볼트를 조이는 전동드라이버를 제대로 사용할 수 있게 되었고 회반죽을 바르는 미장 작업도 조금은 자신감이 생겼다.

이곳에는 엄연한 분업 위에 있던 전문가의 직능도, 건축가와 비非건축가를 준별하던 건축가의 아비투스도 존재하지 않는다. 지금처럼 건축의 설계 및 감리에 특화된 일을 건축가라고 부르는 것이 아니라 건축의 설계뿐만 아닌 시공이나 건축의 기획 및 이벤트의 홍보나 운영을 포함한 '건축과 관련된 모든 직능의 총체'를 건축가라고 부르는 시대가 온 걸지도 모른다. 말하자면 '건축가의 해체'라고 할 수 있는 상황이 발생한 것이다.

과거에 이소자키 아라타磯崎新(1931-2022), 2019년 프리츠커상 수상는 『건축의 해체』(1975)라고 이름 지은 저작을 발표하여 전기 근대에서 후기 근대로 이행하는 과정 속에서 건축가가 다루어야 하는 대상이 소실되는 시대의 도래와, 건축에서 재귀再歸적인 태도를 취해야만 하는 상황의 출현을 예언하였다. 상징적 역할을 버리고 기능에 특화된《축제 광장》의 '거대한 지붕'으로 그 결실을 맺었다. 건축의 해체 이후 반세기 이상이 지나면서 현재 벌어지고 있는 상황은 '건축가의 해체'이다.

이번 장에서는 이러한 건축가의 해체 사례와, 동시에 건축가가 생존하기 위한 프런티어를 독자적인 방법으로 개척한 건축가의 실천을 소개하면서 향후 건축가가 마주해야 하는 길을 모색하는 방안에 대해서 검토하고 싶다.

기업가로서의 건축가, 타니지리 마코토

타니지리 마코토谷尻誠(1974-)는 유명성이라는 관점에서 40대 건축가의 순위를 매길 경우 상위권에 오르는 건축가이다. 그러나 타니지리의 최종 학력은 전문학교 졸업자이며 아직도 학력이 중요한 자본으로 기능하는 건축가계에 있어서 상당히 이질적인 존재이다.

타니지리의 인터뷰나 저작을 읽다가 불편하다고 느끼는 것은 건축가라는 직능명이 그다지 등장하지 않는다는 점이다. 타니지리가 자신의 직업 정체성에 대해서 건축가라는 이름을 적극적으로 말하지 않는 데는 어떠한 이유가 있을까. 그것을 해독하기 위해서 타니지리의 발자취를 되돌아보고자 한다.

타니지리 마코토는 1974년에 히로시마에서 태어났다. 소년기의 에피소드는 많은 유명 건축가들과 크게 다르지 않다. 그러나 고등학교를 졸업한 이후의 에피소드가 다른 건축가들과는 크게 다르다.

타니지리는 고등학교를 졸업한 후 설계와 디자인을 배우기 위해 전문학교에 입학했다. 그곳을 선택한 이유에 대해서는 다음과 같이 말한다.

저는 고등학교에서 공부를 하지 않고 농구에만 열중하다 막상 졸업할 때가 되니 진로가 전혀 떠오르지 않았어요. 농구라는 스포츠 추천으로 대학에 갈 수도 있었지만 뭔가 확 끌리지 않았습니다. 하지만 그대로 취직하는 일에도 주저하며, 우물쭈물 망설였습니다. 그러던 중 우연히 알게 되고 흥미를 느낀 것이 『독신자 기숙사ツルモク独身寮』라는 만화에 그려진 디자인이라는 일입니다. 이 만화를 계기로 설계와 디자인을 배우는 전문학교에 들어갔고 이후 학교 선생님의 소개로 현지의 설계 사무소에 취직했습니다.[4]

이 에피소드를 읽고 안도 다다오와 닮았다고 생각한 독자가 있을지도 모른다. 안도도 고등학교 때까지 그다지 공부를 잘하지 못하고 스포츠(복싱)에 열중했던 시기가 있다.

그러나 인용 부분의 중간 이후가 안도와 크게 다르다. 만화를 계기로 디자인 일에 눈을 뜨거나 학교 선생님의 소개로 현지의 전문학교에 들어간 에피소드에서는 적극적으로 건축가가 되겠다는 의지가 느껴지지 않는다. 사실 어렵게 들어간 건축 설계 사무소도 5년 만에 그만둔다.

건축 설계 사무소라고 해도 담당했던 일은 꿈에 그리던 디자인의 일이 아닌 분양주택과 관련된 것이었다. 직장인으로 5년간 일했지만 왠지 나에게 맞지 않는다고 할까, 솔직히 따분하다고 느끼는 순간이 몇 번이나 찾아와 제 발로 그만두었습니다. 이후에는 화려하게 보였던 점포 설계와 공간 디자인의 회사에 지원했지만 떨어지고 말았습니다.[5]

아틀리에 사무소를 단념

여기서 나의 일화를 잠깐 이야기하겠다.

  나 또한 건축가를 목표로 대학을 다니며 연찬을 쌓은 시기가 있었다. 건축가란 클라이언트로부터 의뢰를 받아 주택이나 오피스 빌딩을 설계하고 그 대가로 생활한다. 보통 그렇게 설계하는 건축은 그럭저럭 센스도 좋아 지나가는 사람들로부터 "저 건축 멋지다"라는 등 타인의 입에 오르게 된다.

  나는 학창 시절에 그럭저럭 직업을 얻고 이름이 알려진 딱히 부족하지 않은 건축가가 되었으면 좋겠다고 몽상했었다.

건축하지 않는 건축가

지금 생각하면 달콤한 망상이다. 그러나 현실을 알고 난 뒤 건축 설계의 세계란 화려하게 활약하는 스타 건축가와, 먹고 사는 것도 궁핍한 기타의 많은 건축가로 양분화되어 있음을 알게 되었다.

유명 건축가의 아틀리에 사무소에 들어가기 위해서는 자본이 되는 학력이 필요하다. 그뿐만 아니라 탁월한 작품을 제대로 만들어 포트폴리오에 쌓아야 한다. 실력도 자본도 아무것도 없는 내가 건축가의 아틀리에 사무실에 들어가는 일이나 그 외의 것들이, 안타깝게도 현실적이지 않다는 사실을 조금씩 알게 되었다.

그럼에도 젊은 건축가의 아틀리에 사무실이라면 어느 정도 이야기는 들어주지 않을까 싶어 건축을 배우는 친구들과 동행하여 젊은 건축가의 아틀리에를 찾아가 취업에 대해서 상담을 받은 적이 있다.

작은 빌딩의 1층에 있던 그 아틀리에 사무소 안에 들어가 데스크에 앉아있던 건축가에게 인사를 건네자마자 "너는 자취하니? 내가 주는 월급으로 자취는 무리야"라며 어처구니없게 거절당했다. 그때 나에게 제시된 월급은 약 8만 엔이었다. 당시에 살았던 아파트의 월세는 2만 5천 엔이었기 때문에 허리띠를 조르면 불가능하지 않은 금액이긴 했다.

다만 솔직하게 고백하자면 가난해지면서까지 건축가를 지향하는 것은 아니라고 생각했다. 지인 중에는 한 달에 5만 엔의 월급으로 자취하면서 아틀리에 사무소에서 계속 일한 후에 독립을 이룬 건축가도 있다. 그런 사람들을 고려하면 아무래도 나에게는 건축가가 되고 싶은 열의가 부족했던 것 같다.

어쨌든 아틀리에 사무소에 취직하는 것은 무리라는 결론에 도달했다. 그래도 설계로 먹고살고 싶으면 분양주택의 설계나 CAD 오퍼레이터 등의 일밖에 없다. 동경하던 건축가의 세계와는 거리가 멀었지만 그러한 길을 선택한 학우도 여럿 있었다.

타니지리는 분양주택 회사에 들어갔지만 나는 설계 기술이 다른 친구들과 비교해봐도 뒤떨어졌기 때문에 그러한 회사에서 기를 쓰고 해 나갈 자신은 없었다. 이렇게 되면 마지막에는 독립 밖에 길이 남아 있지 않다. 나는 이 시점에서 건축가가 되는 것을 단념했다.

리스크 있는 독립

여기서 이야기를 다시 타니지리로 되돌리자.

꿈을 접은 나와는 달리 타니지리는 자신을 믿고 건축 세계에 뛰어들었다. 그러나 건축가로서의 자본을 가진 자가 혹독한 밑바닥 생활을 겪으며 만반의 준비를 하고 독립하는 것과는 다르다. 독립한다 해도 먹고살 수 있는 가망이 전혀 없는, 지극히 리스크가 높은 선택이지만 타니지리는 그것을 시도한 것이다.

그러나 건축가의 교육을 받은 적도 없고 아는 건축가 지인도 없는 상황이며, 게다가 건축가계에 적합한 아비투스도 갖고 있지 않다. 말하자면 패독에조차 서지 않은 상황이다. 이에 대한 당시의 불안한 마음을 타니지리는 아래와 같이 이야기한다.

최악의 사태를 각오하고 건축가로서 독립한 것은 26살 때의 일이었습니다. 실적도 없고 경험도 적기 때문에 설계 의뢰가 하나도 없는 시기가 많아 낮에는 전부터 관심이 있던 자전거 경주에 출전하기 위한 연습을 하고 밤에는 야키토리 가게에서 아르바이트를, 그러다 가끔 아는 사람의 인연으로 점포설계의 의뢰를 받으면서 조금씩 경험을 쌓아갔습니다.[6]

타니지리가 독립한 때는 26세이다. 참고로 안도 다다오가 독립한 것은 28세의 일이지만 기본적으로 독립 직후 일이 없는 상황에서 이따금 날아드는 작은 일을 맡으며 겨우 입에 풀칠하는 상황은 비슷하다. 그러나 야키토리 가게에서 아르바이트를 했다고 유연히 고백하는 것처럼, 일이 없던 젊은 시절의 안도가 드러냈던 건축에 대한 불타는 욕망이나 노골적인 투쟁심을 느낄 수 없다.

다음과 같은 이야기에서도 타니지리가 기존 건축가와는 다른 아비투스를 가지고 있음을 알 수 있다.

그리고 저는 일본 건축업계에서 당연시되던 건축가의 아이콘을 벤치마킹하는 방식이 아니라, 시대도 토지도 예산도 다른 상황 속에서 매번 다른 아웃풋을 만드는 스타일을 목표하게 되었습니다.[7]

건축가에게 작풍은 중요하다고 지금껏 여러 차례에 걸쳐 말했다. 건축에 관심이 있는 사람이라면 일본 유명 건축가의 작풍을 알아맞힐 수 있지 않을까. 그 이유는 유명 건축가와 작풍이 결합되어 있기 때문이다.

일관된 작풍이 있으면 그것은 건축가의 아이콘이 되고 건축가의 브랜딩에도 기여한다. 또한 무엇보다도 건축가계에서 탁월해질 경우 베팅금이 된다.

그러나 건축가계에서의 탁월화에 관심이 없는 타니지리에게는 작풍보다 클라이언트의 요구에 부응해나가는 것이 중요했다. 이러한 클라이언트를 가장 우선시하는 자세 등을 고려하면 타니지리가 가지는 건축가와는 다른 아비투스란 '기업가로서의 아비투스'라고 말할 수 있을 것 같다. 사실 타니지리는 "만약 지금의 저에게 이름을 붙인다면 건축을 잘하는 기업가라고 생각합니다[8]"라고 말했다. 또한 "건축을 중심으로 여러 가지 일을 할 수 있는 가능성을 가지는 사람[9]"이라고도 바꾸어 말한다.

그러나 먹고살기 위해서 무작정 설계 일을 수락하면 건축가가 아닌 '업자'로 인지된다. 이렇게 되면 가격과 납품의 소모전에 휘말려 체력이 없는 영세한 설계 사무소들은 힘겨운 싸움을 해야 한다. 이 내용은 앞에서도 여러 차례 말한 것이다. 그래도 먹고살기 위해서는 무슨 일이든 해야 한다.

타니지리는 생활에 필요한 양식을 얻기 위해 설계 일을 하는 것이 아닌 아르바이트로 생활비를 버는 방식을 택했다. 타니지리는 맡을 수 있는 일을 신중히 골랐을 것이다. 그러나 이러한 생활을 계속할 수는 없다. 타니지리가 현재의 지위를 획득한 비밀이 어딘가에 있을 것이다. 그 비밀에 접근하기 위해서 타니지리의 초기 발자취를 따라가 보기로 한다.

건축가계의 밖에서

2000년, 26세의 나이에 독립한 타니지리는 친구의 인맥에 의지하여 몇 건의 일을 획득한다. 이는 그의 교우관계가 넓음을 말해준다. 교우관계의 넓이는 그에게 있어서 사회 관계 자본으로서 기능했다.

건축가들은 작품이 완성되면 오픈하우스라는 이름의 견학회를 갖는 경우가 많다. 타니지리도 어느 주택을 준공했을 때

오픈하우스를 열었다. 손님은 300명이 넘었다고 한다. 직접 취재한 바로는 개인 주택의 오픈하우스는 20명 정도에서 많게는 100명 정도의 방문객 수가 대다수다.

300명이라는 방문객 수는 개인 주택의 오픈하우스로는 상당히 많은 인원이다. 그에 더해, 오픈하우스에 손님으로 방문한 사람들이 다음 주택의 클라이언트가 되었다고 한다. 나도 여러 차례 건축가가 주최하는 오픈하우스에 참가한 적이 있는데 그곳을 찾는 손님들은 주로 건축가의 지인이 많아 건축가의 교류회 같은 분위기였다. 물론 모든 경우가 그렇다고 단언할 수는 없지만 건축가의 오픈하우스란 건축가계 멤버들을 향해 작품(=베팅금)을 제시하기 위한 행사이다.

그러나 타니지리의 오픈하우스를 찾은 300명의 방문객 대부분은 건축과는 별 관련이 없는 사람들일 것으로 생각된다. 왜냐하면 타니지리는 건축가계의 멤버도 아니며, 미래의 클라이언트가 될 가능성도 없는 건축가를 초청할 이유가 그 어디에도 없기 때문이다.

일반인의 초대 손님이라면 그중에 미래의 클라이언트가 포함되어 있을 가능성이 높다. 사실 이 오픈하우스에 온 사람이 클라이언트가 되면서 타니지리의 출세작인 《비사문의 집毘沙門の家》(2003)이 완성된다.

비사문의 집은 GOOD DESIGN AWARD와 JCD 디자인 어워드 신인상을 수상한다. 그것이 계기가 되어 타니지리는 어느 한 사진가와 알게 된다. 그 사진가의 소개로 비사문의 집이 잡지에 게재되기로 결정된다. 또한 고교 시절 친구의 주택을 설계하여 TV프로그램인 건물탐방에 소개되었는데 이 방송을 계기로 히로시마 이외에서의 일이 늘었다고 한다.

타니지리는 친구의 네트워크, 오픈하우스, 잡지 및 텔레비전 등 다양한 채널을 십분 활용하면서 차례차례 클라이언트를 획득한다. 최근 들어서 타니지리의 작품을 건축 전문지에서 볼 수 있는 경우가 늘었지만, 이전에는 상업 건축 전문지나 인테리어 잡지 등이 중심이었다. 또한 그가 받은 GOOD DESIGN AWARD와 JCD 디자인 어워드 신인상은 상업계의 디자인상이다. 건축계의 수상자는 찾아보기 힘들다.

애초에 타니지리는 건축가계에 있어서의 탁월화 따위는 목표로 하고 있지 않을 것이다. 타니지리에게 잡지에 실릴 만한 건축이나 건축가란 자신과는 동떨어진 세계이며 동경과 동시에 거리를 느끼고 있었다고, 아래와 같이 솔직하게 고백한다.

2000년, 앞으로의 일 따위는 생각할 겨를도 없이 지금의 사무실을 시작했습니다. 내가 무엇을 하고 싶은지, 어디로 나아가야 할지 전연 모르는 가운데 시작했습니다. 모르면 모르는 대로 건축 잡지를 빠짐없이 읽어보았지만 그곳에는 제 자신과 너무나 동떨어진 세계가 펼쳐지고 있었고 동경과 동시에 건축의 세계에 대한 거리마저 느끼곤 했습니

다.[10]

 타니지리가 건축의 세계를 목표로 한 2000년 당시, 건축가로 세상에 나아가기 위해서는 건축가계 안에서 탁월화를 나타내는 길밖에 없었다. 당시를 회상해보면 타니지리는 "솔직히 초창기에는 건축 대학을 나오지 않은 것이나 아틀리에 계열 설계 사무소의 경험이 없다는 사실이 매우 콤플렉스였고 누군가와 나를 비교하면 나 스스로에게 자신이 생기지 않는다… 그러한 것의 반복이었습니다[11]"라고 말한다.
 여기에는 자본도 없고 아비투스도 몸에 익히지 않은 젊은 타니지리가 홀로 걸을 수밖에 없었던 건축가를 향한 길에 대한 불안과 갈등이 솔직하게 고백된다.
 하지만 타니지리는 건축가로서 성공한다. 건축가계와의 관계를 갖지 않고 유명성과 자격을 획득한 타니지리의 활약은 2000년 이후의 건축가의 해체에 강한 인상을 주는 사례이다.

짓지 않는 건축가의 등장

지금까지 건축가의 해체에 강한 인상을 남긴 에피소드로서, 건축가계에 속하지 않은 상태임에도 불구하고 건축가로서의 유명성을 획득한 타니지리 마코토를 예시로 소개했다.
 다음으로 소개할 사람은 야마자키 료山崎亮(1973-)이다. 야마

건축하지 않는 건축가

자키는 커뮤니티 디자이너로 널리 알려진 존재이지만 야마자키의 활약도 건축가의 해체에 강한 인상을 남긴다.

야마자키는 오사카부립대학 농학부 출신으로 전공은 녹지계획공학이다. 건축학과 출신도 아니고 이른바 건축가도 아니다. 그럼에도 불구하고 야마자키의 등장과 그 후의 활약상은 건축가의 해체에 강한 인상을 남겼다. 이번 장에서는 그 이유에 관해 검토해 보자.

버블의 붕괴 이후 건축을 짓는 행위가 부정적인 이미지로 회자되는 일이 많아진다. 특히 공공건축은 상자의 건축으로 불리며 무시를 당하게 된다. 또한 건물이 많이 남아도는 현실도 무시할 수 없다. 이러한 사회 상황은 건물을 새로 짓는 이유를 냉엄하게 되묻는 계기가 된다.

건축가는 짓는 것이 일인데 그것을 봉쇄당하고 말았다. 그 고뇌에 가장 자각적인 건축가가 바로 구마 겐고였으나 '짓지 않는 건축가'라는 엉뚱한 문답의 주제와 다를 게 없는 직능이 과연 성립될 것인가라는 것은 오랜 시간 동안 '그림의 떡'이었다. 그러나 야마자키는 커뮤니티 디자이너라는 직능으로 짓지 않는 건축가를 선보인다.

무엇보다 커뮤니티 디자인이라는 용어 자체는 1960년경부터 사용되었다. 야마자키에 따르면 뉴타운 건설 과정에서 자주 사용되었다고 한다. 뉴타운은 지방이나 도시를 지향하는 '탈매립'된 사람들에 의해, 산림을 개척하여 잘 조성된 토지위에 건설된 인공주택가에 '재매립'된 장소이다.

전국에서 모인 서로 인연도 연결고리도 없는 사람들이 양질의 관계를 만들기 위해서는 어떠한 집회소나 공원이 필요할지, 그리고 그것들을 어떻게 만들고 배치해야 좋을지 등의 건물의 디자인이나 배치 계획이 중요해졌다. 일반적인 커뮤니티 디자인이란 이러한 물리적인 공간의 디자인을 지칭한다.

한편 야마자키가 실천하는 커뮤니티 디자인이란 이러한 주택의 배치 계획이 아니라 사람(유저)을 중심으로 한 계획이다. 어느 특정 지역의 활성화를 의뢰받았을 경우, 거기에 새롭게 무언가를 만드는 것이 아니라 '사람이 모이는 구조'를 만드는 것이 야마자키의 일이다.

마루야 가든스 프로젝트

가고시마鹿兒島의 《마루야 가든스》(2010)는 야마자키의 대표적인 초기 프로젝트이다. 원래 마루야 가든스는 메이지明治(1868-1912) 시대에 개업한 포목점이 기원인 마루야 백화점이었다. 그 후 미츠코시三越 가고시마점이 되었지만 2009년에 폐관한다.

사장은 매각이나 임대 등 취할 수 있는 선택지 중 리노베이션을 통해서 백화점을 살리는 길을 택했다. 건축은 미칸구미 요코하마시 소재의 건축설계 사무소가 담당하고 야마자키는 커뮤니티 디자이너로서 프로젝트에 참여한다.

건축하지 않는 건축가

 야마자키의 제안은 음식이나 물건을 판매하는 세입자로 층을 채우는 기존의 방식이 아니라 지역에서 활동하는 커뮤니티가 활약할 수 있는 장소를 갖추자는 것이다.
 지방에 가면 세입자 건물에서 세입자가 철수하고 난 뒤에 휑하고 적적함만이 남은 장소를 흔히 볼 수 있다. 사람의 유동이 어느 정도 있다면 백엔샵이 들어설 테지만, 대개는 음료나 캡슐 장난감의 자판기가 설치되어 있거나 낡은 책상이나 벤치가 설치된 후에 거리의 교류 스페이스라는 이름이 붙여진다.
 하지만 그러한 장소가 북적이는 것을 본 적이 없다. 왜냐하면 그곳에는 사용자를 위한 발상이 전무하기 때문이다. 많은 사람들은 낡은 책상이나 벤치가 아무렇게나 놓인 '궁상맞은' 교류 공간에서 교류하고 싶지 않을 것이다.
 반면 야마자키의 방식은 철저하게 사용자 시점이다. 마루야 가든스의 프로젝트에서는 평소 백화점을 찾는 습관이 없는 많은 이용자의 시각에서, 어떻게 하면 백화점을 찾을 수 있을지를 고민했다.
 야마자키는 지역에서 활동하는 다양한 커뮤니티에 의한 프로그램에 주목했다. 마이너 영화를 상영하는 그룹, 등교거부 아동과 함께 채소를 가꾸는 프리스쿨(free school) 등 다양한 그룹이 매일 사용할 수 있는 장소, '가든'을 각 층에 설치하기로 한다.
 가든을 설치함으로써 최소한 커뮤니티 구성원과 행사 참가자들은 마루야 가든스를 방문하게 된다. 하루에도 여러 커뮤니티가 교대로 출입할 경우 관계자만 해도 상당수의 방문객이 찾는다. 그중 어느 정도는 거기서 쇼핑을 하고 돌아갈 것이다.

2010년 오프닝 때에는 약 80개의 점포와 20개의 커뮤니티 프로그램이 섞여 각 층에 설치된 가든에서 개최되었다. 그 후 프로그램은 계속 늘어나 한 달에 200회까지 개최되었다고 한다.

장소를 만들다

야마자키가 마루야 가든스에서 한 일은 단적으로 말하면 '사람이 모이는 구조 만들기'이다. 그러나 구조만 만든다고 일이 저절로 진행된다고 생각한다면 큰 오산이다. 야마자키는 서로 다른 커뮤니티의 멤버끼리 알 수 있도록 하는 프로그램, 가든을 이용할 때의 규칙 만들기, 마루야 가든스와 각 커뮤니티의 문제를 중개하는 위원회 설치 등 상당히 세세하고 면밀한 사전 조정을 실시한다. 게다가 그러한 조정은 멤버와 대면하고 서로 무릎을 맞대면서 실시한다. 바로 얼굴이 보이는 전문가로 활동하는 것이다.

후기 근대 사회 속에서 우리가 사는 도시와 거리는 공간화되고 있다. 공간에서는 우리의 생활기반을 지탱하는 시스템, 즉 라이프라인, 교통 인프라, 토목 인프라, 각종 유통망과 의료시스템 등은 익명적인 전문가 시스템에 의해서 24시간 쉬지 않고 구동된다.

 이러한 현대 사회는 탈매립이 철저한 사회라고 할 수 있다. 그리고 탈매립은 재매립을 동반하면서 진행된다.

 「건축가를 향한 이상적인 자세의 변화」에서는 한신·아와지 대지진의 부흥 단계에서 나타난 위화감에 대해, 학식이 뛰어난 여러 사람의 의견을 인용하면서 검토했다. 안전·안심이나 기능성·합리성·효율성을 추구한 생활권은 답답함을 동반한다. 이러한 폐색감을 완화하기 위해서 자연적 요소나 친밀감이 넘치는 커뮤니티가 요구된다.

 이러한 요소를 공간 속에 매립해가는 단계도 재매립이다. 말하자면 공간 속에 자리를 채워가는 것이다. 그러한 재매립의 단계에서는 익명의 전문가가 아니라 얼굴이 보이는 전문가가 필요하다.[12]

 야마자키가 커뮤니티 디자이너로서 활동한 것은 단적으로 말하자면 장소를 만드는 일이다. 공간은 익명의 전문가에 의해 설계되고 만들어지고 운영되는 반면에, 장소는 얼굴이 보이는 멤버가 무릎을 맞대어 운영한다. 거기에는 때때로 다양한 전문가도 가세한다. 그렇게 모인 전문가들은 모두 얼굴이 보이는 전문가들이다.

 최근 동네 의사(개인 클리닉)의 얼굴 사진이 붙어 있는 간판을 보는 일이 늘었다. 여태까지의 간판은, 예를 들면 마츠무라 안과, 의사 마츠무라 준(오사카대학 의학부 졸업, 의학 박사)과 같이 문자 정보가 중심이었다. 게다가 졸업한 대학명이나 의학박사라는 칭호를 병기하는 경우가 많았다. 그러나 최근에는 그러한 정보 대신에 의사의 얼굴이 강조되고 있다. 그 사진은 웃는 얼굴로 친근함을 어필한 것이 많다.

여기에는 몇 가지 이유를 생각할 수 있지만 이 책의 논의에 끌어들여 단적인 이유를 제시하자면 지역(=장소)에서 활동하고 싶은 의사의 의식이 발현했다고 할 수 있다. 장소에서는 전문가라 할지라도 얼굴과 이름을 가진 개인으로서 수용되어야 한다. 이를 위해 얼굴 사진을 강조하는 것이다.

거리의 건축가들

마지막으로 개인적으로 주목하고 있는 건축가의 동향을 소개하고자 한다. 2020년대에 들어 지방은 점점 피폐해지고 있다. 일본 각지에서 지역 재생의 필요성이 제기되면서 관민 차원의 다양한 정책들이 시도되고 있다.

그중에서도 특별히 주목하는 것은 개인이나 작은 단체가 지역 건축가와 하나가 되어 장소를 정비한 후 그곳에서 살거나 그곳을 거점으로 장사를 시작하는 식의 움직임이다. 당사자들은 지역 재생을 특별히 의식하지 않지만 결과적으로는 지역의 흥을 돋우는 데 기여하는 활동이 된다.

보텀-업의 마을 만들기

이러한 시도를 공간 혹은 장소라는 이항 대립적인 개념으로 말하자면 이는 장소를 만들어 가는 활동에 해당한다. 현재 전국 각지에서 장소 만들기의 작은 실천이 일어나고 있다. 이와 같은 실천의 특징은 보텀-업(bottom-up)이다.

보텀-업 형식의 마을 만들기는 빈집을 리노베이션 하여 장사의 거점을 만들거나 사람들이 편하게 모일 수 있는 장소 등을 만들기를 원하는 개인(이 책에서는 플레이어라고 부른다)이 계획의 출발점이 된다.

빈집의 증가에 따른 매물 취득 비용의 저하는 빈집을 리노베이션 하여 무언가를 해 보고 싶다는 플레이어를 만들고 동기를 부여하는 요인이 된다.

도시경제학자 리처드 플로리다Richard L. Florida(1957-)는 포스트공업화 사회의 도시 발전을 위해서는 〈크리에이티브 클래스〉라는 고도의 전문 지식을 겸비한 후에 고감도의 사람들을 끌어들일 필요가 있다고 말한다. 즉 그런 사람들을 많이 거주하도록 만드는 도시가 발전했다는 이야기이다. 플로리다의 논의는 대도시가 직면한 글로벌적인 도시 간 경쟁이라는 장면에서는 리얼리티가 있지만 일본 내 작은 거리의 활성화와는 그다지 연결되지 않는다.

그러나 기업이나 공장의 유치가 아니라 사람의 유치가 그

도시의 발전에 영향을 준다는 의미에서는 같은 벡터의 논의이기는 하다.

　일본 국내의 작은 거리를 활성화시키는 장면에서, 개성이 풍부한 플레이어를 많이 끌어들이는 일이 거리의 활성화나 재생에 있어서 중요한 요소가 된다.

《시오야》의 등장

이러한 플레이어를 많이 끌어들여 활성화에 성공한 거리로는 고베시神戶市 타루미구垂水区의 《시오야塩屋町》가 있다.

| 시오야의 거리(필자 촬영)

시오야는 본래 작은 어촌 마을이 발전한 거리이다. 바다와 산으로 둘러싸인 협소한 땅이며 고저차가 심하다. 세토내해瀨戶內海를 한눈에 볼 수 있는 입지라는 이유로, 일부 지구에는 외국인과 부유층의 저택이 들어섰지만 기본적으로 잘 정돈된 토지 확보가 어려운 땅이어서 대규모 개발의 손길로부터 지켜져 왔다.

그래서 좁은 골목과 오래된 가옥들이 많이 남아 있고 다채로운 경관을 만들어낸다. 빈 점포에 카레 가게, 구제 옷 가게 등이 입주하면서 레트로 느낌의 귀여운 거리라는 평판이 나기 시작해 관광객들을 끌어들이는 인기 지역이 됐다. 시오야의 좁은 블록을 걷다 보면 관광객뿐만 아니라 주민으로 보이는 젊은 사람들을 자주 마주친다. 시오야에 젊은 이주자가 늘어나고 있다는 이야기이다.

그 배경에는 낮은 시세의 월세와 비교적 저렴한 중고 매물의 존재가 있다. 이러한 상황의 원인은 시오야가 관광지로는 인기가 있지만 편리성이나 효율성의 측면에서는 불편한 땅이라는 점에 있다.

최근에는 주민뿐만 아니라 플레이어의 이주도 증가하고 있는데 이들은 음식점과 옷, 잡화점 등 다양한 가게를 운영하며 시오야에 활기를 가져다주는 요인이 된다.

2021년에만 구제 옷 가게, 꽃집, 잡화점, 대만 음식점 등 여러 가게가 오픈했다는 사실이 거리의 기세를 상징한다.

거리의 건축가

그렇다면 앞서 말한 대로 이러한 장소 만들기의 실천에 플레이어의 존재를 빠뜨려서는 안 된다. 그리고 플레이어의 이상을 물리적인 장소로 구현하는 일은 그 지역을 잘 아는 건축가의 역할이다.

이 책에서는 그들을, 경의를 담아 거리의 건축가라고 부르기로 한다. 거리의 건축가의 일은 실로 다채롭다. 설계 및 감리라는 본래 건축가의 일에 그치지 않는다.

예를 들면 시공이 있다. 거리의 건축가 중에는 설계에 그치지 않고 시공도 잘 해내는 사람이 적지 않다. 사실 건축가가 시공을 겸업하는 것은 금기였다. 아니, 지금도 금기이다.

원래 일본에서의 건물 설계와 시공은 일체였다. 목공의 도편수가 설계도, 시공도 해왔다. 메이지明治(1868-1912) 시대에 들어와 영국에서 건축가(architect)라는 직능을 도입했지만 건축가란 시공을 하지 않고 설계에 특화된 직능이다. 그래서 건축가는 지금도 시공을 겸업하지 않도록 윤리 강령에 규정되어 있다. 하지만 거리의 건축가 중에는 설계도 시공도 같이 시행하는 사람이 적지 않다.

그 이유 중 하나는 거리의 건축가가 활약하는 무대가 리노베이션 현장이기 때문이다. 리노베이션 현장에서는 치수나 사이즈의 세세한 차이가 필연적으로 발생한다. 이 때문에 현장 조율이라고 불리는 임기응변의 애드리브적인 수법이 많이 사용된다.

이처럼 현장 조율을 전제로 하기 때문에 설계와 시공의 완전한 분업으로는 원활한 공사가 어렵다. 건축가도 리노베이션 현장에 들어가 시공을 도우며 감리를 하는 편이 합리적이다.

또한 시공에 다양한 사람을 끌어들이는 방법인 '참여형 시공'을 실천하는 사람도 많다. 기본적으로 공사 현장은 시트나 펜스로 덮여 안이 보이지 않는다. 물론 위험이 따르는 공사 현장에 외부인을 출입시키지 않기 위해서이다. 그런 이유 외에도 공사 현장이라는 무대 뒤는 공개하는 것이 아니라는 인식이 강하게 작용한 결과이다.

하지만 거리의 건축가는 충분한 안전 관리를 마친 뒤 벽의 도장 등 위험이 적은 시공의 일부를 워크숍으로 외부에 오픈하여 클라이언트나 희망자와 함께 실시하는 경우가 있다. 말하자면 시공의 이벤트화이지만 그렇게 함으로써 넓은 범위에서 클라이언트를 모으는 일이 가능해지고 결과적으로 건물의 선전이 된다.

이러한 워크샵 개최에 능숙한 건축가도 있어, 그들은 한 번의 이벤트에 100명 규모의 사람들을 모은다. 그곳이 상업 시설이라면 오픈까지 기다리지 않아도 시공 단계에서 이미 상당수의 손님이 몰리는 셈이다.

이들은 SNS를 이용하여 정보를 공유하는 데도 능숙하다.

그들이 사용하는 것은 주로 인스타그램이다. 특히 스토리라는 기능을 즐겨 사용한다. 스토리는 수 초간의 영상이나 정지 화면을 업로드 할 수 있는 기능으로, 열람자가 차례차례 영상을 넘기며 볼 수 있는 타입의 미디어이다. 이벤트에 관심이 있는, 발걸음이 가볍고 고감도인 젊은 사람들은 짧은 시간에 많은 정보를 얻을 수 있는 이러한 채널을 즐겨 사용한다.

과거의 건축가라면 블로그 등의 미디어에서 전문 용어를 흩뿌린 장문의 소개문과 많은 사진을 사용하여 소개하지 않았을까. 그러나 그렇게 소개하는 방식은 너무나 장황하여, 시간이 없는 요즘 젊은이들에게는 와 닿지 않는다.

유형

이 책에서 거리의 건축가라고 부르는 사람들은 상당히 넓은 범위의 카테고리에 속한다. 건축학과를 나와 설계 및 감리에 특화된 일을 해 온 사람만이 아니다.

그래서 거리의 건축가를 몇 가지 유형으로 나누어 생각해 보고 싶다. 모두 플레이어와 협동하여 장소를 만들어 가는 직능이라는 의미에서는 일치하지만 출신이나 강점은 각각 다르다.

우선 건축 설계나 디자인으로 건축 세계에 발을 디딘 사람부터 검토해 보자. 이들의 대부분은 대학의 건축학과를 나와 아틀리에 사무소나 건설회사, 설계회사 등에서 경험을 쌓고 독립한 사람들이다. 소위 건축가로 인지되는 사람도 많지만 30대 이하의 젊은 세대가 많다.

50대 이상의 건축가 중에는 건축가의 아비투스를 몸에 익힌 사람이 많아 건축가로서 해야 할 일과 건축가와 관련되어서는 안 되는 일을 준별하는 경향이 있어 작품이 안 될 법한 일에는 적극적으로 관여하지 않는다. 또한 건축가라는 일에 긍지를 지니고 건축가로 존재해야 할 모습에 대해서 윤리적, 규범적으로 이상적인 모습을 가지는 사람들이 많은 세대이기도 하다.

사회학에서는 직능에 대한 윤리적, 규범적인 마인드셋을 '에토스'라고 부르는데 이 세대 이상의 건축가는 이러한 (건축가의) 에토스를 보유하고 있는 사람이 많다. 잠재적, 무의식적이고 특정한 계 안에서만 기능하는 아비투스와는 달리 에토스는 자기 자신이 자각하고 의식할 수 있는 것이다.[13]

규범과 윤리적 요소와 강하게 결합된 건축가의 에토스는 사고를 경직시키고 유연한 행동을 제한하는 족쇄로도 작용한다.

다음은 30대의 건축가의 지인을 통해 들은 이야기이다. 그는 어느 주민회관 설계의 일감을 따내기 위한 공모전 심사의 자리에서, 어느 정도 연배가 있는 심사위원 건축가가 던진 질문에 위화감을 느꼈다고 한다.

제가 어떤 사상으로 건축을 만들었는지 그것이 지역사회에 어떻게 이용될 것으로 상정하는지에 대한 질문은 일절 없이, 어느 지붕 부재의 디테일에 대해 집요하게 물었습니다. 한정된 질의응답 시간을 일부 사람만이 알 수 있는 디테일에 대해 끈질기게 묻는 것은 과연 옳은 것일까, 라고 생각했습니다.[14]

물론 1급 건축사의 자격을 지닌 그는 전문적인 건축가이기에 해당 부재의 디테일에 대한 하자는 없다. 그가 추궁당한 이유는 심사위원 건축가가 선호하는 디테일과 달랐기 때문이다. 이처럼 어떠한 특정 스타일을 절대적인 것으로서 계속 지키는 동시에 그것을 강요하는 자세도 에토스의 작용이다.

이 심사위원이 지키고자 한 것은 건축가계에서 탁월화를 위한 건축가의 스타일이다. 그러나 40대 이하 건축가에게 있어 건축업계에서 탁월화를 뽐낼 수 있는 가능성은 희박하다. 따라서 거리의 건축가의 선구자가 되는 건축가는 40대 이하의 건축가이거나 건축가계의 한가운데가 아닌 주변에 있던 건축가이다.

거리의 건축가들이 활약하기 위한 길을 닦은 개척자적 존재로서, 다음과 같은 사람들을 예로 들 수 있다.

오시마 요시히코大島芳彦(1970-)와 블루 스튜디오(Blue Studio)는 "리노베이션이란 건축가가 해야만 하는 창의적인 일"이라며 거기에 세련함을 더하고 그 성과를 발신해왔다.

앞서 소개한 야마자키 료山崎亮(1973-)는 건물에 좌지우지되는 것이 아닌, 사람들을 주축이라고 해석하고 새로운 커뮤니티 디자인의 조류를 개척하는 커뮤니티 디자이너라는 일을 만들어냈다.

시마다 요헤이嶋田洋平(1976-)는 리노베이션 스쿨*의 설립에 관여하여 초기의 리노베이션 붐을 견인한 주역으로, 재생을 의뢰한 세입자 빌딩에 스스로 출자하여 오너가 되거나 사무소의 1층에서 빵집을 경영하는 등 본인이 직접 플레이어로서 리스크를 감수하고 주체적으로 거리와 관련해 온 건축가이다.

니시다 오사무西田司(1976-)는 건축가로 데뷔 한 때부터 그가 만든 건축작품은 좋은 평가를 받고 있지만, 건축 설계에 머무르지 않고 장소 만들기 등 다방면으로 건축가의 직능을 계속해서 확장하고 있다.

후지무라 류지藤村龍至(1976-)는 건축가로서 〈초선형 프로세스〉라는 설계 수법을 조탁하는 동시에 건축가의 현재 위치를 적절하게 구상하면서 건축가라는 직능이 확장할 수 있는 가능성을 다양한 미디어를 통해 적극적으로 발언해왔다.

여기서 소개한 건축가는 극히 일부의 사람들에 불과하지만 이러한 선도자들의 활약이 있어, 현재 30대 이하가 중심인 거

* 지역의 자원을 새롭게 활용하여 지역 쇠퇴 문제를 해결하는 수법을 배우는 단기집중형 스쿨

리의 건축가들이 활동할 수 있는 좋은 길이 만들어졌다.

현실적인 거리의 건축가

30대가 중심인 거리의 건축가들을 인터뷰한 결과, 건축가계에서의 탁월화를 원하는 사람은 극히 적다. 이토 도요나 구마 겐고 등 스타 건축가들의 실력을 칭찬하면서도 본인은 그들처럼 될 수 없고 그들이 있는 곳을 목표로 할 이유도 없다고 말한다. 아래에 인용하는 것은 내가 인터뷰한 어느 거리의 건축가에 대한 이야기이다.

> 유명한 건축가들의 능력은 차원이 다르다고 생각합니다. 굉장히 특수한 능력이에요. 처음에는 저 또한 그렇게 되고 싶었는데 아무래도 할 수 없을 것 같아요. 역시 특수한 능력이라고 생각합니다. 노력한다고 되는 게 아니에요.[15]

그는 기발하고 조형적인 건축을 실현하는 유명 건축가들의 재능을 인정한 후 자신은 할 수 없다고 말한다. 왜냐하면 그들이 가진 것은 특수한 능력이지, 노력해서 도달할 수 있는 것이 아니라고 생각하기 때문이다. 한편 유명 건축가가 만드는 건축에 대해서 의구심도 가진다.

건축하지 않는 건축가

건축가의 작품을 보면 세상에 없는 공간을 만들어 내는 능력은 정말 대단하다고 생각한다. 하지만 동시에 그것이 클라이언트의 기쁨에 어떻게 연결되고 있는지는 도무지 모르겠다고 할까. 과연 클라이언트가 좋아할는지. 완성된 것을 보면 너무 대단하다고, 멋있다고 생각하지만 말이다.[16]

그는 건축가가 만드는 건축의 멋스러움을 순순히 인정하면서도 클라이언트나 그곳을 이용하는 사용자의 기쁨에 직접 연결되고 있는가, 라는 의문을 나타낸다. 이처럼 이들 중 상당수는 건축가계에 일정한 거리를 두고 있다.

거리의 건축가란 건축가의 속성을 가진 사람만이 아니다. 전문학교나 대학에서 건축을 배웠지만 설계의 길로 나아가지 못하고, 건축 외의 업계에서 연찬을 쌓고 거리의 건축가로 활동하는 이들도 있다.

마을 만들기에는 부동산에 관한 전문 지식이나 비즈니스 센스가 요구되는 경우가 많다. 때문에 부동산 업계에서 일한 경험이 있는 거리의 건축가들의 활약도 두드러진다. 그들은 부동산 매물을 소유하고 있는 경우도 많아 스스로가 플레이어로서 거리에 관여하려는 경향이 있다.

최근에는 하나의 빈집을 개수하는 일에 머무르지 않고 폐허가 된 블록을 통째로 수리하는 큰 프로젝트를 시작하는 사람도 나타났다.

 목수로서, 혹은 공무점에서의 경험이 있는 사람은 건축 자재의 특성과 공법을 몸으로 체득하고 있어 애드리브적으로 재미있는 공간을 만들어나가는 일에 능숙하다. 철거 현장에서 나온 폐자재를 솜씨 좋게 재사용하거나 일반적으로는 건축자재로 쓰이지 않는 소재를 사용하여 공간을 강조하는 등 독창성 넘치는 건축공간을 만들어낸다.

 이들은 건축의 리노베이션 뿐만 아니라 영화나 무대 세트 등 엔터테인먼트 계열의 일부터, 이벤트의 음식 부스 등 폭넓은 일을 손쉽게 다루는 점도 특징적이다.

 앞서 말했듯이 거리의 건축가의 공사 현장은 작업 일부가 이벤트화되어 자유롭게 참여할 수 있다. 이러한 이벤트로 시공 기술을 기른 뒤 자택의 DIY에 활용하는 사람들도 나타나고 있다. 예전에 시공 이벤트에서 만난 적이 있는 주부는 집의 선반과 테이블을 DIY로 만든 일을 계기로, 이제는 친구 집의 작은 공사를 맡곤 한다.

이시야마 오사무의 혜안

참가형 시공 이벤트에 갔을 때, 참가자로부터 자주 들은 내용은 "주택을 원하는 대로 커스텀하는 일을 내가 할 수 있을 거라고 생각지도 못했다"라는 의견이다.

일본인은 서양인처럼 스스로 주택을 만든 습관이 거의 없다. 특히 임대주택이라면 퇴거 시의 클레임이 두려워 벽에 압정을 꽂는 것조차 주저하는 사람이 있을 정도이다.

주택의 건설에서 증개축 그리고 주택에서 발생하는 다양한 트러블은 기본적으로 전문업자의 일이라고 여겨진다. 그러나 서구의 오래된 민가에 가보면 그곳을 물려받은 주민들의 DIY 흔적이 곳곳에 남아 있다. 원하는 색으로 칠하는 경우도 많기 때문에 문과 창호의 페인트가 층이 되어 두꺼워지고 균열이 생기는 부분도 있다. 선룸이나 헛간이 주민의 손으로 증축되어 있기도 하다.

일본도 옛날에는 주민들이 자유롭게 DIY를 했을 것이다. 나의 할아버지도 일상적으로 직접 헛간을 증축하거나 DIY로 선반 등을 만들었다. 그러나 그러한 전통도, 주택이 짓는 것에서 사는 것으로 바뀐 1960년대 이후부터 끊어져 버렸다.

건축가 이시야마 오사무石山修武(1944-)는 일찍이 주택이란 주민들이 만들 수 있는 것이라는 점을 주장해왔다. 이시야마에 따르면 주택의 상품화 이전에는 어느 정도 주택에 대한 리터러시가 많은 사람들에게 공유되었다고 한다.

집을 짓는 사람들에게도 모종의 기술이 있었던 것 같다. 많은 사람들이 아마추어 나름대로 집 평면도를 잘 그릴 수 있었다. 방안지에 한 집의 평면을 그리는 것은 쉬운 일이다. 공업화에 포함되지 않는 표준화가 달성되고 있었기 때문에 그것은 전문직 이외의 사람들에게도 전해져 누구나가 각자의 집의 모습을 머릿속에서 조립할 수 있었다.[17]

이시야마가 말하는 표준화란 방의 배치이다. 전통적인 일본 가옥은 다다미 모듈한 장의 다다미는 약 1.6평방미터로 구성되어 있어 어느 정도의 방 배치나 크기를 상상할 수 있었다. 현대 사회에 사는 우리도 일본 가옥의 방 배치에 관해서는 어느 정도 머릿속에 들어 있다. 그렇지만 적극적으로 주택을 손에 넣는 일은 간단하지 않다.

그러나 최근에는 인터넷의 보급, 특히 유튜브의 존재가 주택을 향한 사람들의 가치관을 '바꾸어 쓰는 것'이라고 변화시키는 일에 크게 기여했다. '주택의 DIY', '셀프 리노베이션'과 같은 단어를 검색하면 얼마든지 동영상을 찾을 수 있다. 아마추어가 가옥을 처음부터 짓거나 오래된 민가를 혼자 리노베이션하는 동영상은 상당한 조회 수를 기록하고 있다. 프로가 정중히 도구의 사용법이나 DIY의 방법을 해설해주는 동영상도 있다. 이런 동영상을 본 아마추어가 참여형 DIY 이벤트에서 실력을 발휘하는 것도 가능하다.

아마추어, 전문가 관계없이

이 책에서 여러 번 참조한 구마 겐고의 논문『패독에서 가라오케로』에서 구마는 정보화 사회가 진전된 결과, 지금까지 건축가가 특권적으로 지켜온 전문적 지식이나 기술이 오픈되어 누구나 이용할 수 있도록 바뀐 점에 대해서 아래와 같이 지적한다.

> 아마추어나 전문가가 활용 가능한 정보의 질과 양이 거의 다르지 않게 되었다. 이 정보를 바탕으로, 막상 설계할 때 사용하는 디지털 툴의 종류가 아마추어나 전문가에 관계없이 여러 사람에게 공개되고 여러 사람이 사용할 수 있게 되었다. [18]

사회학의 연구에서는 해당 영역의 전문가라고 인정되지 않는 아마추어가 전문가에 필적하는 지식이나 기능을 가지는 경우가 있다고 한다. 그리고 의료 현장의 경우 환자인 아마추어가 당사자의 입장과 자신이 앓고 있는 질병에 대한 적극적인 학습이 결합됨으로써 고도의 전문적 지식을 습득할 수 있다고 한다. [19]

게다가 최근에는 인터넷의 급속한 보급으로 다양한 전문적인 지식이 공개되어 누구나 부담 없이 그것들을 배울 수 있다. 요즘에는 학생들과 농업에 도전하고 있는데 홈 가꾸기부터 채소 재배 방법에 이르기까지 모두 유튜브 영상을 통해 배우고 있다.

그렇다고 전문가가 불필요하다는 이야기가 아니다. 전문가의 이상적인 자세가 변화하고 있다는 이야기이다. 이러한 시대에는 어떠한 전문가(=건축가)의 이상적인 자세가 바람직하다고 여겨질까.

예를 들면 야마자키 료의 커뮤니티 디자인 현장을 보면 야마자키가 현장의 통괄자로서 특권적으로 행동하고 주민들이 그것을 따르는 구도가 아니라, 프로젝트의 장소에 모인 거리의 주민 한 사람 한 사람이 각각의 역할을 부여받는 사실을 알 수 있다. 즉 그 자리에 모인 사람들, 즉 전문가와 주민이 모두가 동등한 입장이며 주체성을 가진 참가자들이다.

거리의 건축가들도 마찬가지이다. 프로젝트의 멤버의 한 사람으로서 동등하게 관여하고자 한다. 그 일의 방식은 초연히 홀로 하는 것이 아닌 다 같이 협업하는 것이며, 가르치기보다 클라이언트에게 다가가려는 자세를 보인다. 또한 건물이 완공된 뒤에도 오래도록 프로젝트에 관여하고자 하는 자세도 보인다.

마무리하며

이번 장에서는 건축의 해체를 거쳐 건축가의 해체에 이르는 과정, 그리고 그다음의 전망을 열기 위한 시작으로 거리의 건축가의 시도들을 구체적으로 검토하고 제시했다.

  건축가의 해체를 상징하는 건축가로서 먼저 타니지리 마코토를 꼽았다. 그는 건축가계를 향한 입계 자격도 없고 학력이라는 자본도 없기 때문에 건축가계에는 자신의 미래가 없다고 직감하고 건축 설계를 직업으로 삼는 기업가가 되기로 한다.

  타니지리는 폭넓은 인맥을 활용하면서 일을 획득하였고 클라이언트의 기대에 착실하게 부응함으로써 신뢰를 획득하였다. 또한 능숙한 미디어 전략으로 자신의 활약을 어필함으로써 유명세를 획득하였고 건축가계에 속하지 않는 건축가로서의 유명세도 획득하였다. 타니지리의 활약은 건축가계가 약해졌음을 각인시킨다.

  당연히 건축가라는 직능은 시대의 영향을 받는다. 고도 경제 성장 시대에 일본의 국토는 탈매립되어 공간화가 가속화되어 간다. 이러한 시대에 필요한, 고도로 복잡한 시스템의 집적으로서의 (거대한) 건축은 건축가의 손을 떠나 대형 설계회사나 건설사 등 전문가 집단의 손에 맡겨진다.

  후기 근대 사회는 전문가에 의해 설계 및 운영되는 공간이 주류를 차지하지만 동시에 장소도 발흥하기 시작한다. 개인명으로 활동하는 건축가에게 장소란 그야말로 직능을 발휘하는 장場이 되고 있다. 장소에서 필요한 것은 얼굴이 보이는 전문가이다. 그리고 장소의 재생과 건축가가 교차할 때 얼굴이 보이는 전문가로서 건축가의 직능이 확장하는 계기가 나타난다.

재빨리 이를 계기로 삼고 자신의 일로 바꾼 것이 야마자키 료이다. 그는 커뮤니티 디자이너라는 장소를 디자인하는 일을 생업으로 삼는 데 성공한다.

지금은 전국의 모든 지역에서 빈집 문제가 커다란 사회 과제로 떠오르고 있다. 2000년대까지는 빈집과 그 일대를 포함하여 세입자 빌딩이나 맨션, 택지 등 이른바 공간적인 개발이 가능했다. 그러나 지금처럼 인구 감소 시대에는 이러한 공간적인 개발에 대한 수요는 적다.

그 대신 빈집을 리노베이션 하여 새로운 장사에 도전하고 싶다거나, 거처가 필요하다거나, 즉 장소를 만들고 싶다는 사람들이 늘어났다.

이번 책에서는 그들을 플레이어라고 부르는데 그러한 플레이어는 앞으로의 마을 만들기에 필요한 중요인물(key-men)이 된다. 그러한 플레이어와 2인 3각으로 장소를 만드는 사람을 이 책에서는 거리의 건축가라고 부르는데, 이들은 지역에 뿌리를 둔 건축가이기도 하다. 그들은 작품이 잡지에 게재되는 것도, 건축가로서 유명해지는 것도 그다지 바라지 않는다. 즉 건축가계에서의 탁월화를 바라지 않는다.

그들은 때때로 클라이언트와 함께 시공하거나 기획을 생각하면서 스스로가 플레이어로서 쉐어하우스나 코워킹 스페이스를 운영하는 등 장소 만들기에 참가한다. 클라이언트의 기쁨과 거리의 발전에 기여하고 있다는 직접적인 반응은 작품의 게재나 유명성의 획득이라는 보수를 능가하는 일이다.

| 저자와의 인터뷰 |

시대에 따른 일본 건축의 변화

민성휘(이하 민) - 마츠무라 씨에게 개인적으로 여쭤보고 싶은 것도 있고, 이를 출판에 엮으면 좋겠다는 생각에 인터뷰를 요청하게 되었습니다.

마츠무라 준(이하 마츠무라) -저야말로 이러한 연락을 받아서 무척 반갑고 기뻤습니다.

민 - 이 책은 일본 내에서 어떠한 반응이 있었나요?

마츠무라 - 건축을 하는 분들로부터 호평을 받았습니다. 여태껏 건축을 하면서 느껴왔던 원인 모를 불만의 감정을 언어로 정리해주어서 도움이 되었다고요. 게다가 건축을 배우는 학생들 또한 동일한 감정을 가지고 있다는 사실을 알았습니다. 건축이란 제도에 의해 보증되는 직업이 아니다 보니 어쩔 수 없는 것 같아요.

민 - 제가 이 책을 기획 및 번역하게 된 계기는 자신의 직능에 대한 이해도를 높이기 위함도 있지만, 무엇보다 저 또한 느꼈던 이러한 감정이 어느 정도 해소되었기 때문입니다. 이 책은 이소자키 아라타의 저서, 『건축의 해체』를 모티프로 적으셨네요. 한국 독자분께 건축의 해체라는 책에 대해 설명해주실 수 있을까요.

마츠무라 - 1920년대부터 모더니즘 건축이 등장합니다. 모더니즘 건축은 효율성과 합리성을 중시합니다. 전통 사회에서 산업사회로 변해가는 과정에서 근대 건축이라는 스타일이 탄생합니다. 그리고 1950-60년대를 거치면서 건축의 이상적인 자세와 건축을 정의하는 개념이 시대와 함께 변모하게 됩니다. 이소자키는 이러한 모습을 보고 건축의 해체라고 불렀죠. 본문에서도 말했지만 20세기 중반이 건축의 전환점이었다면, 2000년대는 건축가의 전환점이라고 생각합니다.

민 - 건축가의 해체라는 건 사실 한번 해체한 후 재조합을 해보자는 이야기잖아요. 반대로 새롭게 재조합하지 않은 채 지금까지와 똑같은 방식을 관철한다면 시대에 뒤처질 것이라는 이야기네요.

마츠무라 - 바로 그렇습니다.

민 - 시대와 함께 변모한 건축가에 대한 이야기를 나누고 싶어요. 전후 일본 건축의 역사를 정리해보면, 전쟁 후부터 1970년 이전까지는 국가나 사회가 건축에 많은 의지를 했습니다. 건축을 선전의 도구로 삼았고, 그 덕에 건축은 사회에 큰 힘을 가졌죠. 그 하이라이트가 1964년 도쿄올림픽과 1970년 오사카 만국박람회입니다.

1970년대에는 두 차례의 오일쇼크라는 경제적 침체의 영향이 있었고, 국가로부터 부름받은 1960년대에 활동한 건축가 세대와 버블 경제를 맞이한 1980년대에 활동한 건축가 사이에서, 시대적 수혜를 전혀 받지 못한 건축가 세대, 노부시가 태어납니다. 바로 이토 도요와 안도 다다오이죠. 이들은 주택을 통해서 자신들의 탁월화를 연마합니다.

1980년대에 들어서 노부시 세대의 건축가들은 주택이 아닌 상업 건축으로 활약의 무대를 옮깁니다. 도쿄에 국한되지 않고 국가에서 민간으로 건축의 축이 이동하고, 1980년대 이후 버블 경기가 찾아와 계속해서 건축이 만들어집니다.

1990년대에 진입하자마자 버블이 붕괴해요. 버블이 붕괴되면서 경제가 움츠러드는 가운데 건축은 아직도 진행되는 시차가 발생하죠. 그 광경을 목격한 사람들은 건축에게 비난의 화살을 돌리게 됩니다. 그리고 1990년대 중반에 한신 대재해가 일어납니다. 이전까지는 건축가가 사회에 건축을 계획한다는 일방통행이었지만 더욱이 건축가의 신뢰가 무너지게 됩니다.

건축하지 않는 건축가

2000년대를 포함하여 사회는 효율성을 추구하고 개인의 건축가가 활약하기 어려운 상태가 계속해서 이어져 오고 있어요. 해외에서 바라보면 일본에는 다양한 작품들이 쏟아지는 듯 보이지만, 막상 일본 내, 심지어 도쿄조차 어려운 상태가 계속되고 있어요. 이러한 시대의 흐름 가운데 마츠무라 씨가 생각하는 가장 중요한 시대는 어느 때인가요?

마츠무라 - 먼저 1970년대를 이야기하고 싶네요. 오사카 엑스포에서 박람회장을 프로듀스한 단게 겐조보다 아티스트 오카모토 타로의 조형물이 주목을 받습니다. 그로 인해 국가가 건축가에게 기대하지 않기 시작하고, 개인의 이름을 내세우던 건축가들의 위상이 1970년대를 기점으로 변합니다.

1980년대도 굉장히 중요합니다. 1980년대부터 포스트모던이 시작되잖아요. 가장 연관이 되는 것은 바로 경제 성장이에요. 1980년대부터 버블이 붕괴되기 시작한 1991년까지의 일본 경제는 계속해서 성장하는데, 선진국의 반열에 들어서는 가장 큰 원동력은 소비이고 소비는 건축과 굉장한 연관이 있어요. 안도나 이토, 모두 주택을 통해 건축의 스킬을 연마했지만 상업 건축으로 무대를 옮기고 본격적인 탁월화를 이루게 되었죠. 이토는 『소비의 바다에 빠지지 않은 새로운 건축은 없다消費の海に浸らずして新しい建築はない』(1989)라는 논문도 발표했죠.

민 - 사회학에는 포스트모던이 아닌 후기 근대라는 시대 구분을 사용한다고 하셨죠. 그런 의미에서 소비와 후기 근대는 연관이 있다고 볼 수 있을까요?

마츠무라 - 후기 근대 이전에 전前근대와 근대가 있죠. 전前근대는 전통 사회를 말해요. 그리고 전통 사회로부터의 탈피로 근대 사회가 만들어집니다. 유럽의 경우 대혁명, 일본에는 메이지 유신이 있지요. 그러나 근대 사회가 시작되면서 전통으로 자신을 설명할 수 없게 됩니다. 직업을 밝히는 등 늘 자신의 존재를 설명해야 합니다. 후기 근대에 들어서면서 이러한 상황이 가속되기 시작합니다. 많은 사람들이 의사 결정을 할 때 주저하게 돼요. 게다가 선택이 자유로워진 만큼 책임도 커집니다. 후기 근대의 특징이라고 볼 수 있어요.

민 - 일반적으로는 근대/현대로 시대를 구분한다고 생각했는데 마츠무라 씨는 근대 이후를 후기 근대, 즉 우리는 현대가 아닌 후기 근대를 살고 있다는 주장이시죠?

마츠무라 - 네. 저는 현대를 후기 근대라고 생각하고 있어요. 후기 근대론에 근거하면 1970년대, 즉 3차 산업을 계기로 사회가 바뀌게 됩니다. 이를 기점으로 보는 게 좋을 것 같아요. 그 이후 정보화 사회, 컴퓨터와 인터넷의 등장으로 가속된 부분이 있지만….

사회학자가 생각하는 사회성이란

민 - 건축가들은 건축을 이야기할 때 늘상 사회성을 이야기하죠. 한편 사회학자의 입장에서 바라보았을 때, 건축가들이 이야기하는 사회성이 어디까지나 표면적이라는 생각은 없으신지요.

마츠무라 - 솔직히 없진 않아요. 음, 건축가들이 말하는 사회성이란 어디까지나 '익스큐즈'라고 생각해요. "내가 만드는 건축은 나 자신의 이기심으로 만든 게 아니다"라는 것을 이야기하기 위한 수단으로 사회성을 가져온 것이 아닐까…. 그러고 보니 예전의 안도는 "내 이기심으로 건축을 만드는 게 무엇이 잘못이냐"라고 말하기도 했지만 지금은 그렇게 말하기 어렵죠. 이처럼 비난의 대상이 될까 두려워하는 점도 후기 근대적 사회의 특징이라고 볼 수 있어요.

민 - 그렇다면 건축가가 다루어야만 하는 사회성이란 무엇일까요.

마츠무라 - 우선 가능한 것과 불가능한 것을 나누는 게 가장 좋지 않을까요. 건축을 통해서 어느 커뮤니티나 지역을 되살린다는 일이 불가능하지는 않지만 굳이 말할 필요가 있나 싶어요. 과연 건축 하나로 지역 사회가 바뀔 수 있을까? 이를 강하게 믿는 것도 아니고 부정하는 것도 아니지만…. 다만 추상적으로 말하지 말고 좀 더 냉정하게 이야기하는 게 좋지 않을까요.

민 - 요즘 들어 제가 느끼는 위화감 중 하나는 클라이언트의 자본과 욕망으로 다양한 건축물들이 생겨나는데, 건축 잡지에 소개되는 글을 보면 클라이언트가 지금껏 지녀온 욕망에 대한 해석과 이를 해소하기 위한 노력은 도저히 찾아보기 어렵다는 점입니다. 주로 건축계의 평판을 위한 분석가 같은 느낌의 글과 일방적으로 관철한 내용이 많아요. 방금 말씀하신 '가능한 것에 집중한다'라는 의미에서 '욕망에 충실하는 일'도 좋은 것 같다는 생각이 드네요. '출세하고 싶다', '돈을 많이 벌고 싶다'라는 다양한 욕망과, 클라이언트의 욕망을 잘 합치시켜 서로가 해피해질 수 있는 방법을 모색하는 일도 어쩌면 현실적인 사회성을 실현하는 방법일 것 같습니다.

마츠무라 - 공감합니다. 클라이언트는 좋은 건축을, 그리고 건축가는 좋은 건축을 통해 유명해지기를 원합니다. 하지만 그것을 결과로 나타내기란 어렵죠. 그렇기 때문에 대외적으로는 그럴싸하게 포장하여 작품의 가치를 말하는 건축가들이 많죠.

일본이라는 특수성과 한국에 대한 관심

민 - 안도나 구마는 원로 세대에 자리하는 건축가임에도 불구하고 아직 많은 건축 의뢰를 받습니다. 어찌 보면 후기 근대 사회 속에서 쉽게 안심을 얻을 수 있는 수단이라는 생각도 드네요. 안도에게 의뢰를 하면 굉장한 건축을 만들어 준다, 구마에게 의뢰를 하면 다양한 스토리를 이끌어 준다 라는 기대와 안심을 얻을 수 있죠. 안도와 구마는 서로 다른 계통이지만 각자 굉장한 브랜드력을 가집니다.

마츠무라 - 안도라는 브랜드는 그야말로 정통적 건축을 만들어내는 힘이 있죠. 반면에 구마는 다르죠. 유행할 만한 것, 사람들이 좋아할 만한 것들을 아우르는 능력이 있다고 해야 할까요. 사실 구마는 작가성이라는 걸 표면이 아닌 배후에 내려놓은 듯하지만, 대신에 사람들과 사회에 대해 "너희들, 이런 거 좋아하지?"라고 말하는 식이죠.

민 - 게다가 구마는 언어화하는 능력이 뛰어나죠. 비유도 좋고 그 속에 재치도 숨어 있어요. 반면에 안도는 그만의 철학은 뚜렷하지만 예전부터 변하지 않는 자세로 관철해왔다고 해야 할까…. 시대와 함께 변해가는 모습은 구마가 뛰어나다고 생각해요. 뭐랄까, 예산이 부족해서 퀄리티가 떨어져도 과정을 중요시한다고 할까요. 안도의 자세가 "작품을 만들어 줄게"라면, 구마는 "같이 고민해줄게"라는 인상이 있네요.

마츠무라 - 굉장히 공감합니다.

민 - 일본 국내의 건축가들에 대해 이야기해볼까 합니다. 해외에서까지 유명한 건축가 세대보다 그 아랫세대인 일본의 40~50대 건축가들에게 일본 사회는 무엇을 기대하고 있을까요.

마츠무라 - 아마 그들이 가장 힘들 겁니다. 일본 내에서 30대의 젊은 건축가들은 이미 얼굴을 비추는 전문가로서 활동하고 있어요. 자신의 욕망과 취향이 맞으면 종래의 건축에서 탈선하는 일도 크게 어렵지 않아요. 그러나 40~50대 건축가들은 학교에서 작가성을 배우고 작품이 되는 건축 수법, 유명성을 주입당하고 말았죠. 선행 세대의 탁월화를 누구보다 가까운 곳에서 바라본 사람들이에요. 하지만 지금은 후기 근대 사회의 정중앙이죠. 가장 애매하죠.

민 - 이어서 일본 사회의 특수성이라는 측면에 대해서 이야기해보고 싶어요. 참고로 한국은 기본적으로 부에 대해 노골적이에요. "나도 부자가 되고 싶다!"라는 향상심이 대단하죠. 반면에 일본은 그렇지 않아요. 하물며 기업조차 돈을 번다는 말을 "사회에 공헌한다"라고 이야기하죠. 이게 굉장히 재미있는 부분이에요. '공헌한다'라는 대의명분이 존재하는 이상, 건축가들의 작업도 사회를 향해 연결되기 쉬워요. 즉 건축가들의 이기심에 의해 만들어진다고 한들 기업이 사회성에 대해 이야기해주죠.

마츠무라 - 그럴 수도 있어요. 클라이언트와 건축가의 욕망이 합치되기 쉬운 부분이 있죠. 후기 근대 속 기업 또한 사람들로부터 미움받고 싶지 않고 논란을 일으켜서는 안 된다는 방향성이 일치했다고 봅니다.

민 - 그러고 보니 마츠무라 씨는 한국에 대해 관심이 있나요?

마츠무라 - 정말 일반적인 데이터밖에 몰라요. 올해 여름에 딱 한 번, 일주일 동안 리얼한 한국을 경험할 수 있어서 너무나 좋았습니다. 일본보다 활기가 넘친다고 할까. 선진국으로 완성되어 가는 국가가 지니는 에너지, 즉 젊은 나라가 지니는 에너지를 느낄 수 있었어요.

반면 한국에 대해 잘 모르는 사람이 이런 말을 하는 게 주제넘을 수도 있지만 젊은 사람들이 더 자유로웠으면 좋겠어요. 극도로 심한 경쟁 사회를 살아가지만 결국 원하는 모습이 동일하잖아요. 게다가 그곳에 도달하지 못하면 살아가기 어렵다는 사실은 분명 좋은 사회라고 하기 어려워요. 고졸이어도, 좋은 대학을 나오지 않았더라도 원하는 모습대로 살아가도록 응원하는 타인에 대한 관용을 품을 수 있다면 더욱 좋은 사회가 될 거라고 생각합니다.

민 - 혹시 한국 건축에 대한 이미지는 어떤가요.

마츠무라 - 어디까지나 사회 현상에 대한 이야기이지만, 현재 한국의 지방 도시들도 많이 쇠퇴하고 있죠. 건축가들이 지방에서의 삶이 좋다는 걸 이야기할 수 있으면 좋겠습니다. 모두가 일등을 지향하고 일등을 해야만 한다는 건 너무나 이상하고 부자연스러운 일입니다. 일본의 경우 종래의 건축가들이 거들떠보지 않았던 리노베이션이라는 일이 2000년대가 되어서야 비로소 건축가의 일이라는 인식으로 바뀌었어요. 그렇게 일등이 아닌 것들에 눈을 돌리기 시작했습니다. 민 씨가 다니는 회사가 그걸 잘 이루어냈죠. 이러한 수법이 일본에서는 꽤나 발전되어 있거든요. 앞으로 한국은 그런 사회가 되어야겠죠. 건축가의 역할도 굉장히 중요해질 거예요.

민 - 좋은 사회란 우선 사회에 많은 선택지가 있는 것이겠죠. 이 책을 읽고 너무 좋았던 것은 "취할 수 있는 선택지가 하나 더 늘었다", "건축에서 탈선하더라도 괜찮겠다"라는 용기를 받았다는 점입니다.

주류에서 탈선하더라도 위축되지 않는다는 의미에서 건축가가 해야 하는 일, 건축가가 말해야 하는 사회성 중 하나는 사회를 향해 선택지를 늘리는 일이에요. 작가성도 개인의 욕망에서 비롯되는 일이기에 너무나 존중하지만, 가능하면 건축가계에서 인정받을 수 있는가가 아닌, 사회 속에 선택지들을 조금씩 늘려가는 일이 중요합니다.

이를 위해 건축가가 실천할 수 있는 일은 무엇이 있을까요?

마츠무라 - 다양한 인재가 건축가계에 들어가는 일이라고 생각해요. 나이나 학력, 이런 걸 불문하고 다양한 사람들을 끌어들이는 일이겠죠. 그러기 위해서 건축가계의 경계가 조금은 느슨해질 필요가 있지 않을까 싶네요.

민 - 이 책이 계기가 되어 건축가계가 한번 해체되고, 좋은 방향으로 재조합되어 다양한 사람들을 끌어들일 수 있으면 좋겠습니다.

족쇄가 되는 아비투스, 불안함에 사로잡힌 건축가

민 - 본문에서 자본에 대한 이야기를 해주셨습니다만, 해당 계가 제시하는 아비투스를 몸에 익힌다고 해도 계 구성원이 모두 가지고 있는 자본이라면 그건 희귀 자본이 될 수 없어요. 앞으로의 자본이라는 의미에서 학교에서 주입당하는 아비투스는 그야말로 족쇄가 될 뿐이에요. 아비투스를 붕괴할 수는 없겠죠?

마츠무라 - 아비투스란 붕괴되지 않습니다. 구조화하는 구조, 즉 '어느 나이 때에는 무엇을 해야 한다'라는 식의 애써 말할 필요 없는 당연하고 무미건조한 것들, 그러한 구조가 인간의 행동을 지배하죠. 이것이 아비투스입니다.

민 - 어쩌면 이것이 아비투스일지도 모르겠다고 느낀 적이 있어요. 그건 바로 제가 건축과 관련된 일을 한다고 저 자신을 소개하면 안도나 이토와 비슷한 부류의 일을 하는 사람이구나라고 (멋대로) 생각하는 사람과 마주할 때입니다. 나의 직능에 대해 굉장한 자신감을 심어주죠. 하지만 비약이 너무 심해서 이윽고 괴로움에 사로잡히게 돼요(웃음). 엄청난 족쇄가 되죠. 이에 벗어나려고 제가 좋아하는 일에 시선을 돌리고자 하면 내심 "아, 나는 이러한 일을 해도 되는 걸까", "건축을 업으로 삼는 사람으로서 열정이 부족한 건 아닌지, 게으른 건 아닌지…", "세상을 만만하게 보는 건 아닌지…"라는 불안에 사로잡히죠. 참고로 저는 좋아하는 건축가, 롤모델이 없어요. 늘 불안에 사로잡힙니다.

건축하지 않는 건축가

마츠무라 - 오히려 롤모델은 없는 게 좋아요. 롤모델도 중요하지만 롤모델로부터 탈피하려는 움직임이 더 중요해요. 근대 사회에서는 아버지나 할아버지를 롤모델로 여기곤 했죠. 건축으로 예를 들면 안도는 르 코르뷔지에와 단게 겐조, 이토는 키쿠타케 기요노리와 시노하라 가즈오를 롤모델로 삼았죠. 하지만 구마는 롤모델을 두지 않고 안도를 반면교사로 삼았죠. 나 자신 그리고 내가 정의한 세계에 마주하는 것과 더불어 세상은 무엇을 원할지를 고민했죠. 아마 구마는 자신을 롤모델로 삼아 탁월화를 이루어 낸 최초의 건축가일 거예요. 그렇기 때문에 〈지는 건축〉을 이야기할 수 있었겠죠. 바로 그를 후기 근대적인 인물이라고 부르는 이유입니다. 대부분의 사람들은 전통과 같이 흔들림 없는 것들을 원해요. 아직도 많은 건축가들이 르 코르뷔지에를 동경하는 이유입니다. 이 책은 롤모델이 없어도 살아갈 수 있는 방향성에 대해 초점을 맞추었다고 생각해요.

민 - 본문에 등장한 타니지리 마코토와 야마자키 료 또한 모두 불안한 현실에 마주했지만 자신만의 직능을 개척했어요. 이들도 후기 근대적 건축가의 모습이네요. 한편 거리의 건축가들이 말하는 건축은 사실 건축적인 힘이 많이 약해졌다고 볼 수도 있어요.

마츠무라 - 분명하게 말할 수 있는 사실은 자본이 부족해서 거리의 건축가가 되고, 자본이 풍족해서 작품을 만드는 건축가가 되는 건 아니라는 사실이에요. 기준이 다르달까, 개인의 취향의 문제라고 할까요. 오로지 그것뿐입니다. 과장이 있겠지만 롯폰기 힐즈 및 모리 타워와 같은 거대한 개발과 자그마한 건물의 리노베이션은, 결과물은 다르지만 어쩌면 동일한 일이에요.

민 - 저라면 못할 말을 발언해주셨네요(웃음). 굉장히 동의합니다. 종래의 규율에서 벗어난 일에서 가치를 발견할 수 있는 리터러시의 함양이 중요할 것 같습니다.

건축가가 불안해지게 된 계기에 대해 본문에서는 상자 건축의 등장이라고 말해주셨는데 그 외의 사건이 있을까요?

마츠무라 - 버블이 1991년도에 끝났죠. 일본 사회에 갑작스러운 변화가 찾아옵니다. 한편 건축은 시작부터 준공까지의 기간이 길잖아요. 버블이 끝난 시점을 많은 사람들이 생생하게 목격했건만 건축은 버젓이 진행되고 있었다…, 정신을 차려보니 건축은 너무나 거대한 존재였다…라며 집단으로 건축을 미워하게 됩니다. 더욱이 정치가들은 다른 진영의 정치가를 비난할 때 건축을 대상으로 삼죠. 지금도 오사카 엑스포의 건축물에 대한 불신감이 굉장하잖아요. 기본적으로 건축을 만든다는 점에 많이 신중해졌고, 그렇게 건축가는 '먹고살 수 없을지도 모른다'라는 불안감을 갖게 되었죠.

민 - 일본 사회는 그러한 상황이 30년 넘게 계속되고 있습니다. 이렇게 불안함이 만연한 사회 속에서 어떻게 해야 안정감을 얻을 수 있을까를 고민하다 보니 '자그마한 일'이라는 게 생각났어요. 저도 건축계에 엔트리한 사람으로서 탁월화를 이루고 싶어요. 그러나 건축을 짓는다는 건 너무나 커다란 일이에요. 공모전에 응모하고 끊임없이 낙선하거나, 막대한 자본이 들어가는 건축 일에 "맡겨만 달라!"라고 영합하는 일도 굉장한 리스크죠. 비록 건축이라고는 절대 말할 수는 없겠지만 '자그마한 일'이라는 건 굉장히 자유롭게 실천할 수 있어요. 리스크도 적죠. 게다가 기쁨이 갱신되는 빈도는 더욱 높아요. 소설가 무라카미 하루키가 단편 소설이나 에세이를 쓰는 일에 용기를 받은 구마 겐고가, 파빌리온과 같은 자그마한 건축을 만드는 일이 가능했기 때문에 커다란 건축을 만들 수 있었다고 말하는 것처럼 자그마한 일에 관심을 가지는 일도 탁월화를 위한 좋은 방법일 것 같습니다.

마츠무라 - 저도 학자로서 논문을 쓰고 학회에 발표하는 일이 무엇보다 중요합니다. 하지만 사회학 잡지 따윈 아무도 읽지 않아요. 제가 저자로서 처음으로 집필한 책은 저의 논문 내용을 엮은 거예요. 이후에 새롭게 책을 출판하고 싶다고 연락을 받거나, 이렇게 인터뷰를 하거나, 독자들로부터 좋은 영향을 받았다는 말을 듣는 일이 너무나 감사하고

즐거운 일이죠. 아무도 읽어주지 않을 전문 잡지에 게재하는 것이 아닌, 다른 업계의 사람들과 만나서 대화할 수 있다는 사실이 무엇보다 기쁜 일입니다.

민 - 개인적으로 많은 건축가들이 탁월화를 위한 대상으로 삼는 건축들, 예를 들어 오피스, 상업시설, 호텔 등에 대해 전연 관심이 없어요. 이런 저를 건축가로 불러달라고 말하기에는 굉장히 주제넘은 일이죠. 저와 같은 사람은 건축가계에서 정체성을 확립하기가 너무 어려워요. 하지만 탁월화를 위해서는 건축가계의 평판을 의식하지 않으면 안 되죠. 나의 탁월화를 타인에게 맡기다니…. 분한 마음에 '에라 모르겠다'라며 나의 욕망에 마주하는 일이 탁월화를 위한 가장 빠른 길이라고도 믿고 있어요. 탁월화를 위한 마츠무라 씨의 욕망과 꿈은 무엇이에요?

마츠무라 - 돈을 많이 버는 일에는 크게 관심은 없지만… 무엇보다 시간이 많았으면 좋겠어요. 쓰고 싶은 책이 많아요. 그리고 가능하다면 한국이나 해외의 건축가 혹은 사회학자와 많은 이야기를 하고 싶어요. 한국어도 공부해서 한국과 일본에 대한 연구를 많이 해보고 싶네요. 한국에 대한 지식이 많다면 더욱 깊은 의논이 될 텐데 그게 아쉽네요.

지금의 건축가는 무엇을 해야 할까

민 - 지금의 시대, 즉 후기 근대를 살아가는 건축가는 종래의 건축 수법이 아닌 사람들에게 얼굴과 이름을 드러내고 더욱 적극적으로 사람들과의 관계를 맺어야 할까요?

마츠무라 - 좋은 질문이네요. 후기 근대적인 건축을 만드는 방식이란 워크숍을 개최하여 사람들을 모으고, 사람들의 불만이나 요구 사항들을 표면화시키고, 이를 설계 안에 넣는 것, 즉 사람들의 의견을 반영하는 일이라고 생각합니다. 달리 표현하자면 '친근한 건축' 혹은 '위압감이 느껴지지 않는 건축'이라고 할까요. 물론 앞으로 계속해서 이어질 거라고 생각하진 않지만 당분간은 그러한 건축가들이 필요하지 않을까 싶어요. 분명한 것은 더 이상 종래의 엄청난 작가성을 가진 건축가들이 등장하기 어려운 시대라는 사실입니다.

민 - 2010년대 이후, 이토는 자신의 과거 작업을 근대적인 건축이라고 말합니다. 방금 말씀하신 '사람들의 요구를 받아들이고 작가성을 버리는 일', 즉《모두의 집》을 계기로 단숨에 이토는 후기 근대적인 건축가로 변했어요.

마츠무라 - 이토가 말한 근대적 건축이란 아마 건축에 작가성을 포함시키는 일이겠죠. 저도 이토의 모두의 집을 굉장히 후기 근대적 건축이라고 생각합니다. 작가성을 벗어버리고 사람들에게 다가가죠. 종래의 수법이었다면 센다이 미디어테크와 같은 건축적 요소를 사용했겠지만 '다가간다'라는 행위를 건축에 담았죠.

민 - 이토가 후기 근대 건축가로 변모하게 된 계기는 3.11 동일본 대지진입니다. 일본 내에 만연한 지진에 대한 두려움과 건축에 대한 불신의 상관관계란 무엇일까요. 건축이 무너져 사람이 다치거나 죽는다…. 건축에서 가장 중요한 건 작품성이 아닌 안전이라는 인식이 재차 확인된 걸까요. 그 부분이 좀 애매해요.

마츠무라 - 일본 건축가들의 생각도 애매할 거예요. 건축은 사람들을 지켜야 하는 쉘터로서 존재해야 하는데 작품성을 우선시하는 건축가들도 있죠. 작품성이란 건축이 걸어가야 할 지향점임이 분명하지만…. 어찌 됐든 건축가들에게 있어서 한신·아와지 대지진, 동일본 대지진은 굉장한 트라우마로 남아있어요.

민 - 건축가를 향한 불신감이라기보다 건축에 대한 전반적인 불신감이 드러났고, 그걸 만드는 사람들에게 비난의 화살이 돌아갔다….

마츠무라 - 물론 건축 혹은 건축가가 사람들을 죽였다고 생각하는 것은 아니지만요.

민 - 지금의 사회에서 건축가가 지녀야 할 자본이 굉장히 궁금해지네요. 본문에서는 "건축의 기획 및 이벤트의 홍보나 운영을 포함한 건축과 관련된 모든 직능의 총체를 건축가라고 부르는 시대"라고 말했는데요, 이는 한편으로 무엇이든 흥미를 갖고 다 잘해야 한다는 토털리티의 의미는 아닐 거예요. 그렇다고 타인의 의견에 귀를 기울이는 일이 전부라는 의미도 아닐 텐데, 구체적으로 어떤 이야기인가요?

마츠무라 - 물론 모든 것을 잘해야 한다는 토털리티의 의미는 아니에요. 하지만 영역을 넓히는 일이 새로운 자본이 되고 있어요. 건축가가 카페를 차려서 건물을 운영한다든가, 다양한 특기를 가진 건축가들이 많이 늘어나고 있죠

거리의 건축가나 얼굴이 보이는 건축가로서 사람들에게 어떻게 공헌할 수 있을지를 말하자면, 건축이란 무엇보다 생활 전반에 관계하는 것입니다. 그렇기 때문에 건축가는 사람들에게 다가가고자 노력해야 합니다. 모든 것이 완벽해질 필요는 없지만 이렇게 다방면으로 넓혀지고 있는 건 사실입니다.

이미 일본의 유명 디벨로퍼들은 자신들이 만들어내는 공간을 어떻게 해야 장소처럼 보이게 할 수 있을지를 고민

하고 있어요. 인간이 인식하는 장소란 '세상에 둘도 없는 존재'입니다. 게다가 장소란 채워나가고, 키워나가는 것이 핵심입니다. 건축 공간이 뛰어날수록 좋은 건 사실이에요. 이를 부정하지 않아요. 요점은 건축 공간과 그곳을 운영하는 오너 및 스태프들의 인격과 태도, 손님의 품격 등이 서로 맞물려 점차 좋은 장소가 된다는 겁니다. 그렇지만 요즘 공간은 월세, 임대료가 얼마나 비싼 돈에 거래될 수 있는지가 핵심이라고 생각해요. 돈과 효율성이라는 관점에서 기획되는 것이 공간입니다. 돈과 효율성을 앞세워 장소성을 주장한다 한들 금방 대체되고 말 거예요.

민 - 본문에서 '얼굴과 이름을 되찾은 거리의 건축가'라고 하셨잖아요. 지금 회사에서 어느 철도 회사와 지역의 플레이어와 함께 장소를 만드는 프로젝트를 진행 중이에요. 클라이언트는 설계자인 저에게 기대하는 바도 물론 있겠지만, 누구보다 지역을 잘 알고 지역에 얼굴을 비춰 온 플레이어를 향한 기대치가 굉장히 높아요. 설계자는 장소를 채우거나 키울 수 없어요(웃음). 이를 너무나 잘 알기에 준공할 때까지 플레이어를 주역으로 만드는 일에 힘을 쏟고 있죠. 저와 플레이어의 가장 큰 차이는 지역에 얼굴과 이름을 비추는가, 그렇지 않은가입니다.

마츠무라 - '얼굴을 비춘다'라는 것은 인프라와 시스템으로 가득한 후기 근대 사회에서 사람들과 직접 얼굴을 맞대고 소통하는 것을 이야기합니다. 결제가 자동화되는 등 사람과 사회와의 접점에 시스템이 파고들었습니다. 전문가 또한 이러한 시스템을 구축하는 일에 몰리고 있죠. 취업을 앞둔 건축학과 학생들도 아틀리에가 아닌 대기업 건설사를 지향하죠. 여담이지만 담당 스튜디오의 졸업생 중 3명만이 아틀리에에 진학해요. 모두가 시스템 세계의 전문가가 되고 싶어하는 건가…라는 걱정이 들었습니다. 바람이 있다면 개인의 이름으로 활동하는 건축가가 촉망받는 시대, 즉 건축가들이 얼굴과 이름을 되찾으면 좋겠습니다.

민 - 2000년대 이후, 일본에는 거리의 건축가가 늘어났죠. 이는 선행 세대를 향한 반감인지, 교육에 대한 반감인지, 개인의 욕망인지, 아니면 탁월화를 위해 사회에 귀를 기울인 결과인지…. 과연 무엇일까요.

마츠무라 - 선행 세대의 반감은 거의 없을 거예요. 크게 두 가지가 아닐까 싶어요. 하나는 변해가는 사회의 요구에 귀를 기울인 결과입니다. 그것이 현재 40~50대 거리의 건축가의 모습입니다. 다른 하나는 개인의 욕망에 이끌린 결과입니다. 요즘 30대 거리의 건축가들은 온전히 자기가 하고 싶어서 하는 일일 거예요.

민 - 하고 싶은 일이라…. 이것 또한 자그마한 일 혹은 기쁨을 갱신하는 빈도를 높이는 것일 테지요. 건축은 너무나 거대해서 준공이라는 기쁨을 위해 최소 몇 년이라는 시간을 기다려야 해요. 이를 위해 얼마나 많은 것을 희생해야 하는지 의구심이 들 때가 많아요. 반면에 하고 싶은 일이란 거리에 나가서 자신의 얼굴과 이름을 알림으로써 사람들과 웃으며 마주하고, 본인이 원하는 기쁨을 직접 만들어내는 일이라고 말할 수 있네요.

인터뷰를 마무리하며

민 - 인터뷰를 마무리하고자 해요. 이 책이 해외 사람들에게 어떻게 읽히길 원하세요?

마츠무라 - 무엇보다 자유롭게 읽어주셨으면 좋겠습니다. 사고를 제한하고 싶은 생각은 없어요. 건축을 업으로 삼으면서 가지는 마음속의 불안함과 걱정들을 언어로 표현했다고 생각해주신다면 저자로서 더할 나위 없이 기쁜 일입니다.

민 - 건축가들은 탁월화를 위한 근거로 이 책을 받아들일 것 같아요. 반면에 일반인들은 이 책을 통해 무엇을 얻을 수 있을까요.

마츠무라 - 일반 독자분들께 가장 기대하는 것은 건축가라는 재미있는 직업에 대해서 이해해주셨으면 좋겠어요. 이 책은 일본에 한정 지었지만, 건축을 꿈꾸지 않는 일반인들도 〈아비투스〉, 〈계〉, 〈탁월화〉, 〈후기 근대〉는 얼마든지 응용할 수 있으니까요. 건축가를 예시로 삼았지만, 결국 후기 근대를 살아가는 모든 현대인들에게 도움이 될 거라고 생각합니다.

민 - 건축을 통해 좋은 사회를 만든다는 거대한 목표도 좋지만 한 치 앞을 내다보기 어려운 세상 속에서 결국 내가 무엇을 하고 싶은지 자신에 대해서 성찰해보는 계기가 되기를 바란다는 내용으로 이야기를 마무리 지어도 될까요?

마츠무라 - 한마디를 덧붙이자면 후기 근대 속에서 롤모델이란 쉽게 발견하기 어렵습니다. 그렇기 때문에 자신을 계속해서 성찰하는 반성적인 태도를 지녀야 합니다. 자신을 성찰하면서, 조금씩 앞으로 전진해나가고 무엇보다 긍정적으로 후기 근대 사회를 살아가시길 바라겠습니다.

2023년 11월 21일,
고베에서

| 글을 마치며 |

 이 책은 나의 연구 과제인 『사회학자에 의한 건축가의 해결』이라는 시도를 더욱 넓은 독자층을 향해 집필한 것이다.
 나는 사회학자이지만 연구 대상은 건축이나 건축가, 도시 혹은 마을 만들기 등이다. "사회학자들도 건축을 연구하나요"라고 의아해하는 경우도 흔하다.
 그 이유는 건축이 공학적 지식과 기술이 집적된 것이라는 인식이 널리 공유되기 때문이다. 문과 계열의 사회학자가 건축에 관한 연구를 할 수 있을지 의문이 생기는 것도 무리는 아니다.
 완성된 건축물을 보면 확실히 거대하고 복잡한 구조물이다. 그러나 어떻게 보면 건축이란 매우 정서적이고 인간적인 영위의 산물이기도 하다.
 건축을 만드는 것은 감정을 가진 개개인이다. 좋은 건축을 만들고 싶다는 열렬한 뜻도 있고 저 녀석에게 지고 싶지 않다, 더 유명해지고 싶다, 돈을 갖고 싶다라는 속된 욕망도 소용돌이친다. 이러한 소용돌이치는 마음이 건축을 만드는 원동력이 된다.
 그렇지만 전문가 시스템이 생활 세계의 전역에 침투하고 있는 현대 사회에서 건축도 시스템적으로 만들어진다. 그 때

건축하지 않는 건축가

문에 건축의 전문가도 하나의 전문가로서 그곳에 편입된다. 개인의 건축가가 아닌 익명의 건축 엔지니어로서 말이다.

건축가라는 직능은 속인적이기 때문에 후기 근대의 전문가 시스템과는 궁합이 나쁘다. 개인의 건축가가 공공 건축 설계의 자리에서 점점 밀려나는 것도 무리도 아닌 이야기이지만, 건축가는 1960년대 이후 줄곧 그러한 상황에 계속해서 항거해왔다.

시스템이 우리의 생활 전역에 침투함에 따라 간신히 남아있던 개인 주택이라는 건축가의 일도 주택업체나 아파트의 개발자에게 맡겨지는 경우가 늘어났다.

그러나 최근의 마을 만들기나 리노베이션 장면은 이러한 시스템의 외부에서 고조되고 있다. 그곳에는 개인의 이름과 얼굴을 되찾은 건축가가 생기 있게 활동하고 있다.

이 책에서는 그러한 얼굴을 되찾은 건축가를 거리의 건축가라고 부르는데 그들은 시스템의 외부와 관련된 생활 세계를 구축하는 주요 인물(key-men)임에 틀림없다.

이러한 활동은 향후 더욱 활성화될 것으로 예상하지만 어쩌면 이 또한 머지않아 시스템이 집어삼킬지도 모른다는 염려도 있다.

이 책의 기획은 2021년 7월에 치쿠마쇼보筑摩書房의 시바야마 히로키 씨로부터 받은 한 통의 메일로부터 시작되었다. 시바야마 씨도 건축과 사회학, 양쪽 장르에 관심이 있었기 때문에 나에게 말을 걸었을 것이다. 언젠가 신서를 써보고 싶다고 생각했기 때문에 "네, 물론이죠"라는 대답으로 시바야마 씨로부터 받은 제안을 흔쾌히 승낙했다. 진보쵸神保町 도쿄도 서점東京堂書店의 카페에서의 미팅은 고조되어 3시간을 넘겼다.

시바야마 씨가 인기 있는 사회학자 분들과 협업하여 화제작을 차례차례 내놓고 있는 섬세하고 능력 있는 편집자라는 사실을 알게 된 건 집필을 시작하고 얼마 지나지 않은 시점이었다. 아는 편집자와의 잡담에서 "시바야마 씨가 담당이라고?"라며 놀라워했다. 시바야마 씨의 활약을 처음부터 알았다면 괜히 긴장해서 집필이 원활하게 진행되지 않았을지도 모른다.

본격적으로 집필을 시작한 것은 2021년 여름 말부터였다. 원래는 2021년 섣달 그믐날에는 집필이 끝났을 예정이었지만 대폭 연장되었다. 스케줄, 예정, 공정과 같은 시스템적인 요소와, 숨을 쉬는 신체와의 상극이라고 느끼기도 했다.

그렇게 느낀 이유로는 스트레스성 망막박리라든지 역류성 식도염이라든지, 심각하지는 않지만 증상이 강하게 나타나는 타입의 병을 앓았던 것이 컸지만, 작년 여름부터 학생들과 광대한 농원을 빌려 농사를 짓기 시작한 것도 크다.

처음에는 농업의 작업 공정을 완전한 통제하에 두려고 했다. 그러나 날씨와 기온, 토양과 미생물 등 무수한 요소가 얽혀 자라는 채소를 인위적인 스케줄로 관리하기란 매우 어렵다는 사실이 금세 드러났다. 아기를 키우는 것처럼 한시도 떠나지 않고 돌보는 야채의 머슴이 될 것인가, 될 대로 되라며 정색하고 이쪽의 페이스를 관철할 것인가의 선택임을 깨달았다. 학업이 본업인 학생과 나는 후자를 택했다.

이상 어느 정도 집필이 늦어진 것에 대한 변명이지만 담당 편집자인 시바야마 씨는 나를 신뢰하고 맡겨 주었다. 이러한 방임주의는 매우 편안한 집필 환경이었다. 시바야마 씨에게 다시 한번 감사의 말씀을 드리고 싶다.

또한 임기제 교원로서의 지위와 개인 연구실을 마련해주신 간세이 가쿠인대학関西学院大学에도 감사의 말씀을 드리고 싶다. 연구에 전념할 수 있는 훌륭한 환경이었고 2년간의 재임 기간에 두 권의 저작을 낼 수 있었다. 프로필 사진은 간세이 가쿠인대학 대학원 사회학 연구과의 카토 하루미 씨가 촬영해주셨다. 카토 씨, 고맙습니다.

마지막으로 먼 곳에 있으면서도 나의 연구 생활을 정신적으로 뒷받침해주는 가족들에게 감사드린다.

| 역자 후기 |

이 책은 번역해야 하는 많고 많은 책 중 하나에 속하지 않는다. 역자는 일본에서 건축을 설계하는 일을 업으로 삼는 동시에 자신의 직업적 정체성을 찾고자 하는 진실한 바람으로 이 책을 기획 및 번역했다는 점을 미리 말해두고 싶다. 그렇다고 '번역하는 건축가'라고 소개할 생각은 일절 없다. 우선 건축가라고 소개하는 것은 너무나 주제넘은 일이며, 세상에 엔트리한 것은 고작 한 권의 책일 뿐이기에 번역가라고 소개하기는 어렵다. 혹여나 "이도 저도 아니라면 건축가라는 타이틀을 좇는 일에 집중해라"라고 말한다면 "그건 싫다"라고 저항의 목소리를 낼 수밖에 없다. 나에게는 누군가가 만들어 낸 영역의 자취를 성실하게 따라가는 일이 아닌, 내가 살아가는 동안에 할 일이 또 하나 있다고 믿으며 이를 실천하는 것이 매우 중요하기 때문이다.

건축가의 탁월화를 좇는 일만큼 일본어에 대한 관심도 크기 때문일까, 오랜 시간 동안 취미로 번역(과도 같은 일)을 해왔다. 타국의 언어를 습득함으로써 얻게 되는 이점은 상당하지만 그렇다고 '언제나처럼' 영화를 볼 때 자막이 없어도 아무런 문제가 되지 않는다든지 책이 막힘없이 술술 읽힌다는 이야기는 아니다. 곤란하다고 느끼는 경우가 적지 않게 찾아온다.

건축하지 않는 건축가

 특히나 책을 읽을 때 모르는 단어가 등장하면 모국어의 경우 '평소에 쓰지 않는 단어', '몰라도 되는 단어' 혹은 '꽤나 잘난 척하는 저자가 쓴 글'이라며 과감히 무시할 수 있지만, 외국어의 경우 '지적 허영심을 위해 기꺼이 모셔야 하는 것' 혹은 '독서란 본래 평소에 잘 쓰지 않는 단어를 마주하는 일'이라고 믿게 된다. 그렇게 새로이 알게 되는 것들이 늘어나면서 세상에 존재하는 많은 이야기들을 직접 찾아보려는 의욕이 생기고 때로는 필사를 하면서 습득하기도 한다. 이를 지식을 얻는 과정이라고 할 수 있겠지만, 나에게는 '용기를 획득하는 과정'에 가깝다. 세상에는 이미 다양한 형태의 용기가 흩뿌려져 있다는 사실이 나도 모르는 사이에 저절로 어깨를 펴게 만든다. 바로 내가 책을 읽고 번역을 하는 이유이다.

 독자를 향해 삶을 살아가는 데 필요한 용기를 획득했으면 하는 저자의 바람 덕분에 나는 직업적 정체성뿐만 아닌 어떻게 살아가야 할지에 대한 용기를 얻었다. 그 용기가 너무 감사했던지라 다른 이에게도 내가 받은 용기를 주고 싶었다.

 많은 건축가들이 좇는 '세상에 없는 전대미문의 무언가'는 건축가를 꿈꾸는 이들뿐만 아니라 많은 사람들에게 이미 용기가 되고 있는 훌륭한 일이다. 한편 그러한 건축을 좇고 싶지 않은 사람들에게는 무엇이 용기가 되고 있을까. 모순적이게도 우리 사회는 첨예화와 최첨단을 좇는 일(흉내 내는 일)이 보편적이고 평범하게 살아가는 일보다 쉽다. 바꾸어 말하자면 첨예화와 최첨단을 좇기에 급급한 우리 사회 안에서는 보편적이고 평범한 것은 전혀 무기가 되지 않는다는 말이다. '넘버원'을 좇느라 만연해진 혐오와 이기로부터 탈피하여 관대와 포용이 삶의 무기가 될 수 있다면 모두가 불필요하게 첨예화를 좇지 않아도 된다. 중요한 것은 어떠한 선택을 하더라도 내가 나로서 존재할 수 있는 안심을 얻을 수 있는 장치, 가능하다면 다양한 종류의 용기가 세상에는 무척이나 필요하다는 말이다.

앞서 말했지만 용기란 새로이 만들어내야 하는 것이 아닌 우리 일상에 이미 존재한다고 생각한다. 저자가 말한 "후기 근대를 살아가는 우리는 늘상 자신을 되돌아보고 성찰하고 반성해야 한다"라는 말과 동일한 맥락에서 용기를 '발견'하기 위해서는 내가 무엇을 원하는지, 나의 욕망에 스스로 마주하고 집중하는 일이 무엇보다 중요하다. 비록 그것이 건축가계에서 인정받지 못할 일이라고 할지라도 말이다.

사람들에게 용기를 주고자 이 책을 기획 및 번역했다는, 언뜻 한없이 이타적으로만 보이는 이러한 계기의 본심에는 나의 욕망이 있었을지도 모르겠다. 나의 욕망이란 바닥, 벽, 천장으로 공간을 구성한 후 그럴싸한 언어로 사람들의 행동을 제한시키는 것이 아닌 사람들이 자유롭게 모이는 계기, 스스로에게 필요한 용기를 발견할 수 있는 계기를 만드는 일이다. 힘겹게 건축을 만드는 일을 이어오면서 건축이 아닌 계기를 만드는 일을 목표로 한다는 사실에 나 스스로도 의구심이 들

때가 많지만, 바꾸어 생각해보면 많은 사람들과 관계하는 것이야말로 건축의 기본이며 본질이니 오히려 계기를 만드는 일에 특화된 직능이 아닐까 하는 생각이다. 치밀함과 완벽함으로 작품을 빚어내는 것만이 건축가의 직능이 아닌 관대함과 느슨함으로 만들어지는 다양한 계기가 앞으로의 세상에 필요한 자본이 되었으면 하는 바람이 있던지라, 건축가를 해체해보고 새로이 재조합해야 한다는 이야기를 소개하고 싶었다.

  지금껏 그럴싸하게 말했지만 이 길을 계속해서 걸어야 할지를 늘상 고민하는 어느 직장인의 이야기에 불과하다. 하물며 이 책을 기획 및 번역했다는 사실이 과연 탁월화를 위한 자본이 될 수 있을지 또한 미지수이다. 그러나 이 책을 계기로 나처럼 건축계에 대하여 찝찝함을 느꼈던 사람들이 조금은 홀가분해지고 무엇보다 기성세대 건축가들이 실천해 온 '진짜 건축'을 만드는 일이 전부가 아닌, 세상에는 자신의 욕망에 마주한 후 '건축과도 비슷한 일'을 실천하는 것도 필요하다는 말을 감히 전하고 싶었다. 늘상 마음속에 담아두고 있는, 내가 살아가는 동안에 할 일이 또 하나 있을 거라는 믿음이 결과물로 만들어진 굉장히 감사한 순간이다. 자신의 욕망과 언어로 쌓아 올린 무대가 세상에 많아지기를 소망하고 진심으로 응원한다.

2023년 12월 20일,
통근길의 게이오 전철안에서

| 주석註釋 및 출처出處 |

1. 건축가를 꿈꾸던 사회학자, 건축가를 말하다

1) 구로가와가 학부시절 다녔던 곳이 교토대학이다.
2) 건축사, 의사, 변호사, 공인회계사의 인원수에 대해서는 아래 사이트에서 인용.

   - 공익재단법인건축기술교육보급센터
     https://www.jaeic.or.jp/shiken/k-seidozenpan/index.html
   - 후생노동성, 「헤이세이30(2019)년 의사, 치과의사, 약사 통계현황」
     https://www.mhlw.go.jp/toukei/saikin/hw/ishi/18/dl/gaikyo.pdf
   - 일본 변호사 연합회, 「2020년 11월 1일 기준 회원수」
     https://www.nichibenren.or.jp/library/pdf/document/statistics/2019/1-1-1_2019.pdf
   - 일본공인회계사협회, 「2020년 10월 기준 회원수」
     https://jicpa.or.jp/about/0-0-0-0-20201031.pdf

3) 건축가와 건축사의 제도화에 관한 역사에 대해서는 아래 서적에 상세히 적혀있다.

   速水清孝, 建築家と建築士~法と住宅をめぐる百年 (東京大学出版会, 2011)

4) 松村淳, 建築家として生きる：職業としての建築家の社会学 (晃洋書房, 2021)

   본 서적은 직업으로서 건축가의 실천과 직업적 아이덴티티를 둘러싼 건축가 한사람 한사람의 고투에 대해서, 지방의 건축가와의 취재를 바탕으로 기술하였다.

5) Pierre Bourdieu and Loïc J. D. Wacquant, 1992, An Invitation to Reflexive Sociology, Polity
6) 磯崎新, 建築の解体, (美術出版社, 1978), 405.

2.아비투스, 건축가가 되기 위해 필요한 자본

1) 磯直樹, 認識と反省性 (法政大学出版局, 2020), 223.
2) Nick Crossley, 社会学キーコンセプト「批判的社会理論」の基礎概念 (西原和久監訳, 新泉社, 2008) 50~57.
3) 磯直樹, 認識と反省性 (法政大学出版局, 2020) 306.
4) 위와 동일, 206.
5) *GA JAPAN 171 JUL-AUG/2021* (ADA EDITA Tokyo), 54.
6) 위와 동일, p.58
7) 篠原一男編, 篠原一男の対話 : 世紀の変わり目の建築会議, (建築技術, 1999), 48~49
8) 堀江貴文, 堀江貴文 : 外食の革命的経営者 (ぴあ, 2020), 130~131.
9) 게다가 프랑스에서의 수행 경험은 적합한 성향이나 아비투스를 함양하는 것뿐만 아니라, 프랑스 요리계의 멤버를 걸러내기 위한 선발 수단의 역할도 띠고 있습니다. 이 일은 유명한 셰프의 다음과 같은 이야기에서도 명확할 것입니다. "레스토랑 안에서 열심히 일하고 있던 시기, 저는 제 자신만으로도 벅찼습니다. 함께 했던 동료가 어느 순간 없어지는 경우가 자주 있었습니다."

    斉須政雄, 調理場という戦場 ~「コート・ドール」斉須政雄の仕事論 (幻冬舎, 2006), 207.
10) 加藤晴久, ブルデュー 闘う知識人 (講談社選書メチエ, 2015), 225.
11) 松村秀一, ひらかれる建築 ~ 「民主化」の作法 (筑摩書房, 2016), 9.
12) 무엇보다 노출 콘크리트라는 스타일은 안도 다다오가 오리지널은 아닙니다. 스즈키 마코토(鈴木恂)라는 선대나 게다가 르 코르뷔지에 또한 텍스쳐는 다르지만, 마감재를 생략한 노출 콘크리트로 마감한 건축을 남기고 있습니다.
13) 安藤忠雄/松葉一清, 安藤忠雄 建築家と建築作品 (鹿島出版会, 2017), 20.
14) 加藤晴久, ブルデュー 闘う知識人, (講談社選書メチエ, 2015), 227.
15) 물론 구로가와 기쇼를 포함하여 작풍을 지니지 않는 건축가도 많습니다.

3. 건축가를 양성하는 대학 교육의 숨겨진 장치

1) 京都精華大学建築分野&上田篤, 建築家の学校：京都精華大学の実験(住まい学大系) (住まいの図書館出版局, 1997), 192.

2) 山梨知彦, 20代で身につけたいプロ建築家になる勉強法 (日本実業出版社, 2011), 3.

3) 香山壽夫, 建築家の仕事とはどういうものか (王国社, 1999), 120.

4) 京都精華大学建築分野&上田篤, 建築家の学校：京都精華大学の実験(住まい学大系) (住まいの図書館出版局, 1997), 194.

5) 宮島喬, 文化的再生産の社会学：ブルデュー理論からの展開 (藤原書店, 1994), 121.

6) 위와 동일, 272.

7) 당시에는 벡터웍스라는 캐드 프로그램을 사용하여 화면내에 입체를 구성하고 거기에 색을 입히거나 모양을 더하는 수업이 진행되었다.

8) 2008년 즈음, 저자가 수강했던 수업에서 일어났던 일이다.

9) 그러나 '심미안'이란 객관적으로 측정할 수 없는 기술이다. 그렇기 때문에 지시받은 내용을 성실히 수행하여도 '심미안'이 어느 정도 몸에 배어 있는지 본인은 알 수 없다. 유일한 단서는 교원에 의해 주어지는 코멘트나 평가뿐이다.

10) 당시에는 주말 주택이었지만 대학 교육에서 주택은 매우 중요했다. 이에 관해서 구마 겐고는 "「주택은 건축 설계의 원점이다」라고 말하는 결정적인 대사가 있다. (중략) 학생들을 즉석에서 '건축가'로 만들고, 그들 자신도 '건축가'가 되기 위해 그들 자신을 '건축가'라고 착각하게 만드는 결정적인 대사이다"라고 말하고 있다.

   隈研吾, パドックからカラオケへ：新建築住宅設計競技 2006 課題 『プランのない家』について (新建築新建築社, 2006년 4월호), 50.

11) 판 모양으로 된 얇은 스티로폼의 위아래를 강도있는 종이로 끼워 넣은 것으로, 건축 모형재료로 많이 사용된다.

12) 伊東豊雄, 透層する建築 (青土社, 2000), 159.

13) 石山修武, 建築はおもしろい：モノづくりの現場から (王国社, 1998), 35.

14) 香山壽夫, 建築家の仕事とはどういうものか (王国社, 1999), 115.

15) 2000년쯤, 저자가 수강한 수업을 담당한 교원의 이야기이다.
16) 대학 교원을 향한 지위의 저하와 동시에 일어난 현상이라고 생각된다. 대학 교원 또한 전문직으로서 후기 근대 속에서 전문직의 지위 저하와 동일한 현상이 영향을 미치고 있다. 그러나 대학 교원의 경우, 대학이라는 장소가 가지는 힘이 크기 때문에 다른 전문직보다는 지위 저하의 영향이 적다고 생각한다.
17) 大澤真幸, 吉見俊哉, 鷲田清一, 見田宗介, *現代社会学事典* (弘文堂, 2012), 660.
18) 2012년, 저자가 학생과 실시한 인터뷰 내용이다.
19) 위와 동일.
20) 内藤廣, *建築のちから* (王国社, 2009), 163~164.
21) Collins R., 1979, The Credential Society: An Historical Sociology of Education and Stratification, Academic Press.
22) 위와 동일, 45.
23) 위와 동일, 47.
24) 위와 동일, 48.
25) 위와 동일, 49.
26) 위와 동일, 49.
27) Bourdieu, Pierre, 1992, Les régles de l'art: Genèse et structure du champ littéraire, Paris: Éditionsdu Seuil.

4.무엇이 안도 다다오의 자본이 되었는가

1) 안도 다다오, 나, 건축가 안도 다다오 (안그라픽스, 2009), 一三頁
2) 安藤忠雄&松葉一清, *安藤忠雄：建築家と建築作品* (鹿島出版会, 2017), 334.
3) 위와 동일, 225.
4) 미야케 리이치, 안도 다다오, 건축을 살다 (사람의집, 2023), 三九頁
5) 安藤忠雄&松葉一清, *安藤忠雄：建築家と建築作品* (鹿島出版会, 2017), 8.
6) 미야케 리이치, 안도 다다오, 건축을 살다 (사람의집, 2023), 三七頁

7) 安藤忠雄, 建築手法 (ADA EDITA Tokyo, 2005), 12.

8) 丹下健三&藤森照信, 丹下健三 (2002), 8.

9) 安藤忠雄, 建築手法 (ADA EDITA Tokyo, 2005), 12.

5.주택을 설계할 수밖에 없는 건축가

1) 隈研吾, 新建築住宅設計競技2006：パドックからカラオケへ (新建築新建築社, 2006년 4월호), 51.

2) 本間義人, 戦後住宅政策の検証 (信山社, 2004), 40.

3) 難波和彦, 新・住宅論 (左右社, 2020), 145.

4) 石山修武,「秋葉原」感覚で住宅を考える (晶文社, 1984), 30.

5) 당시의 대표적인 건축가로는 이케베 기요시(池辺陽), 마스자와 마코토(増沢洵), 히로세 켄지(広瀬鎌二), 마에카와 구니오(前川國男)가 있다.

6) 難波和彦, 新・住宅論 (左右社, 2020), 146~147.

7) 石山修武,「秋葉原」感覚で住宅を考える (晶文社, 1984), 31.

8) 위와 동일, 32.

9) 위와 동일, 30.

10) 布野修司, 住宅戦争：住まいの豊かさとは何か (彰国社, 1989), 137.

11) 展示場分科会のあゆみ (一般社団法人プレハブ建築協会住宅部会展示場分科会, 2014)

12) 八田利也, 現代建築愚作論 (彰国社, 1961), 20.

13) 丹下健三, 人間と建築：デザインおぼえがき (彰国社, 1970), 22.

14) 八田利也, 現代建築愚作論 (彰国社, 1961), 52.

15) 篠原一男, 住宅論 (鹿島出版会, 1970), 79.

16) 위와 동일, 79~80.

17) 難波和彦, 戦後モダニズム建築の極北：池辺陽試論 (彰国社, 1999), 151.

18) 布野修司, スラムとウサギ小屋 (青弓社, 1985), 232.

19) 伊東豊雄&山本理顕, 建築家の思想 (岩波書店, 『思想』 2011년 5월호), 12.

20) 伊東豊雄, 風の変様体：建築クロニクル, (青土社, 1999), 38.
21) 内閣府, 地域の経済2011
    https://www5.cao.go.jp/j-j/cr/cr11/chr11040101.html
22) 안도 다다오, 안도 다다오 : 안도 다다오가 말하는 집의 의미와 설계 (미메시스, 2011), 395. (원서기준)
23) 안도는 "많이 고민하고 시도해 봤지만 처음에는 실패 뿐이었습니다. 곰보나 크랙이 생기거나, 1층까지 만들었지만 순조롭지 않아 '부숴버려'라고 말하는 일도 있었습니다. 그때는 자주 부수었습니다. '잘 안되는군, 납득할 수 없어, 1층 정도는 괜찮잖아'라고 말하며 장인과 싸우는 일도 있었습니다"라고 회상한다.
    日経アーキテクュア, 建築家という生き方 (日経BP, 2001) 116.
24) 槇文彦, 記憶の形象：都市と建築との間で (筑摩書房, 1992), 607.
25) 西山夘三, すまいの思想 (創元社, 1974), 155.
26) 石山修武, 「秋葉原」感覚で住宅を考える (晶文社, 1984), 11.
27) 伊東豊雄, 風の変様体：建築クロニクル, (青土社, 1999), 31.
28) 위와 동일, 31.
29) 위와 동일, 32.
30) 위와 동일, 33~34.
31) 안도 다다오, 안도 다다오 : 안도 다다오가 말하는 집의 의미와 설계 (미메시스, 2011), 40. (원서 기준)
32) 鈴木博之&石井和紘, 現代建築家 (晶文社, 1982), 192.
33) 위와 동일, 192.
34) 隈研吾, 新建築住宅設計競技2006：パドックからカラオケへ (新建築新建築社, 2006년 4월호), 53.

6.건축가를 향한 이상적인 자세의 변화

1) 松葉一清, 失楽園都市：世紀の夢と挫折 (講談社選書メチエ, 1995), 167.
2) 隈研吾, 新建築住宅設計競技2006：パドックからカラオケへ (新建築新建築社, 2006년 4월호), 54.

3) Giddens, Anthony, 1990, The Consequences of Modernity, Polity Press.

4) 金菱清, 災害社会学 (NHK出版, 2020), 109.

5) 아사히 신문 (1985년11월6일 조간), 川島正英編集委員

6) 아사히 신문 (1995년4월21일 조간)

7) 隈研吾, 反オブジェクト：建築を溶かし, 砕く (ちくま学芸文庫, 2009), 282.

8) 隈研吾, 風土がつくる建築：場所の固有性を復活させる (三浦展, 脱ファスト風土宣言 (洋泉社)), 243~272.

9) 井上章一, 現代の建築家 (ADA EDITA Tokyo, 2014), 444.

10) 磯崎新, 建築の解体 (美術出版社,1984), 145.

11) 위와 동일, 151.

12) 森川嘉一郎, 趣都の誕生：萌える都市アキハバラ (幻冬舎, 2003), 166.

13) 위와 동일, 167.

14) 구마 겐고, 약한 건축 (안그라픽스, 2009)

15) 石山修武, 建築はおもしろい：モノづくりの現場から (王国社, 1998), 183.

16) 구마 겐고, 약한 건축 (안그라픽스, 2009)

17) 内井昭蔵, モダニズム建築の軌跡：年代のアヴァンギャルド (INAX出版, 2000), 229.

18) 松原隆一郎, 失われた景観：戦後日本社会が築いたもの (PHP研究所, 2002), 58.

19) 平山洋介, 不完全都市：神戸・ニューヨーク・ベルリン (学芸出版社, 2003), 48.

20) 이러한 상황은 재해지에 한정하지 않고, 전쟁 이후의 포스트 주택 시스템의 조류로서 1900년대 중반부터 시작한 하시모토 내각하의 규제 완화의 하나인 토지와 금융정책의 재검토, 그리고 2011년 고이즈미 정권하의 대규모 도시재개발 프로젝트를 준비했다. 거기서 토지와 부동산이「소유에서 이용으로」라는 패러다임을 변했고, 이는 토지의 유

동성을 높여 도시 개발을 가속하려는 의도이다.

佐幸信介, 郊外空間の反転した世界：『空中庭園』と住空間の経験, (失われざる十年の記憶―一九九〇年代の社会学), (青弓社, 2012), 26~54.

21) 平山洋介, 不完全都市：神戸・ニューヨーク・ベルリン (学芸出版社, 2003), 39.
22) 財団法人阪神・淡路大震災記念協会編, 阪神・淡路大震災10年：翔べフェニックス 創造的復興への群像 (2005), 27.
23) 宮原浩二郎, 復興とは何か：再生型災害復興と成熟社会 (先端社会研究) 5장, 9.
24) 반 시게루, 행동하는 종이 건축 : 건축가는 사회를 위해 무엇을 할 수 있는가 (민음사, 2009), 二頁
25) 위와 동일, 2. (원서 기준)
26) 五十嵐太郎, 忘却しない建築 (春秋社, 2015), 69~70.
27) 이토 도요, 내일의 건축 (안그라픽스, 2014)
28) 위와 동일, 37~38. (원서 기준)
29) 위와 동일, 34. (원서 기준)
30) 위와 동일, 67~68. (원서 기준)
31) 위와 동일, 68~69. (원서 기준)
32) 위와 동일, 72~73. (원서 기준)
33) 준공된 《모두의 집》은 국제적인 명성을 누린 이토의 어느 건축 작품과도 닮아있지 않다. 세계적인 현대 건축가로 유명한 이토 도요는 목조 구조에 맞배지붕을 얹은 '보통의 민가'를 만들었다. 이를 본 주위 사람들이 놀라워했던 사실에 대해 이토는 고백하고 있다.
34) 이토 도요, 내일의 건축 (안그라픽스, 2014)
35) 福屋粧子, アーキエイド 復興支援ネットワークから見えてくる建築的能力の拡張 (建築雑誌, 2013년 11월호), 38.
36) 건축가가 지역성의 상징인 신사 재건에 계속적으로 관여한다는 사실은, 건축가가 재매립에 참여하고 있다는 증거이다.
37) 위와 동일, 38~39.

7. 시대를 관철한 전략가로서의 건축가, 구마 겐고

1) 隈研吾, 建築の危機を超えて (TOTO出版, 1995), 278~279
2) 隈研吾, *10宅論* (トーソー出版, 1986), 223.
3) 위와 동일, 124.
4) 위와 동일, 133.
5) 隈研吾, グッドバイ・ポストモダン (鹿島出版会, 1989), 7~8.
6) 隈研吾, 電子時代のピラネージ (新建築, 1992년 3월호), 304.
7) AERA, (1993년 10월 18일)
8) 隈研吾, 反オブジェクト : 建築を溶かし砕く (ちくま学芸文庫, 2009), 290.
9) 隈研吾建築都市設計事務所, *Studies in Organic* (TOTO出版, 2009), 22~23.
10) 隈研吾, 反オブジェクト : 建築を溶かし砕く (ちくま学芸文庫, 2009), 7.
11) 위와 동일, 118.
12) 구마 겐고, 자연스러운 건축 (안그라픽스, 2010)
13) 위와 동일, 47. (원서 기준)
14) 위와 동일, 66~67. (원서 기준)
15) 隈研吾建築都市設計事務所, *Studies in Organic* (TOTO出版, 2009), 33.
16) 위와 동일, 21.
17) 위와 동일, 39.
18) 위와 동일, 45.
19) 위와 동일, 45~47.
20) 위와 동일, 51.
21) 위와 동일, 51.
22) 위와 동일, 53.
23) 위와 동일, 57.
24) 위와 동일, 61.

8.거리에서 이름과 얼굴을 되찾은 건축가

1) 松村秀一, 建築―新しい仕事のかたち：箱の産業から場の産業へ (彰国社, 2013), 20.

2) 三浦展, あなたの住まいの見つけ方：買うか, 借りるか, つくるか (ちくまプリマー新書, 2014), 101.

3) 사회학을 조사하는 방법의 하나이다. 실제로 조사 대상이 되는 사람들의 생활이나 장소 혹은 일의 현장에 들어가서 관찰이나 질문 등을 실시한 후에 거기서 행해지고 있는 행위의 의미 부여나 해석의 틀을 인식하는 것이 목적이다.

4) 谷尻誠, CHANGE：未来を変える, これからの働き方 (X-Knowledge, 2019), 25~26.

5) 위와 동일, 26.

6) 위와 동일, 26~27.

7) 위와 동일, 168.

8) 위와 동일, 2~8.

9) 위와 동일, 2~8.

10) 谷尻誠, 1000%の建築 つづき：僕は勘違いしながら生きてきた (X-Knowledge, 2020), 162.

11) 위와 동일, 163.

12) 야마자키는 미디어 등에서 '얼굴'의 노출이 많다. '얼굴'이야말로 이름 그대로 전문가와 사용자 사이에 인터페이스가 된다는 점을 잘 이해하고 있다고 생각한다.

13) 건축가와 에토스 관계에 대해서는 《建築家として生きる：職業としての建築家の社会学》을 참조해주길 바란다.

14) 고베시에 거주 중인 건축가 A씨와의 인터뷰 중. (2021년12월23일 실시)

15) 고베시에 거주 중인 건축가 B씨와의 인터뷰 중. (2019년4월13일 실시)

16) 위와 동일.

17) 石山修武, 住宅道楽：自分の家は自分で建てる (講談社, 1997), 16.

18) 隈研吾, パドックからカラオケへ：新建築住宅設計競技 2006 課題 『プランのない家』について (新建築新建築社, 2006년 4월호), 54.

19) 現代社会学事典의 684장과 素人専門知(素人専門家)를 참조.

| 참고문헌 |

[국문]

- 구마 겐고, 약한 건축, 임태희 엮음 (안그라픽스, 2009)
- 구마 겐고, 자연스러운 건축, 임태희 엮음 (안그라픽스, 2010)
- 구마 겐고, 미우라 아쓰시, 삼저주의, 이정환 엮음 (안그라픽스, 2012)
- 미야케 리이치, 안도 다다오, 건축을 살다, 위정훈 엮음 (사람의집, 2023)
- 반 시게루, 행동하는 종이 건축 : 건축가는 사회를 위해 무엇을 할 수 있는가, 박재영 엮음 (민음사, 2009)
- 안도 다다오, 나, 건축가 안도 다다오, 이규원 엮음 (안그라픽스, 2009)
- 안도 다다오, 안도 다다오 : 안도 다다오가 말하는 집의 의미와 설계, 송태욱 엮음 (미메시스, 2011)

[일문]

- 安藤忠雄, 松葉一清, 安藤忠雄 建築家と建築作品 (鹿島出版会, 2017)
- 石山修武,「秋葉原」感覚で住宅を考える (晶文社, 1984)
- 石山修武, 住宅道楽 : 自分の家は自分で建てる (講談社, 1997)
- 石山修武, 建築はおもしろい : モノづくりの現場から (王国社, 1998)
- 磯崎新, 建築の解体 (美術出版社, 1984)
- 伊東豊雄, 透層する建築 (青土社, 2000)
- 伊東豊雄, 山本理顕, 建築家の思想 : 思想, 2015년 5월호, (岩波書店), 6~45.
- 井上章一, 現代の建築家, (ADA EDITA Tokyo, 2014)
- 大澤真幸, 現代社会学事典 (弘文堂, 2012)
- 金菱清, 災害社会学 (NHK出版, 2020)

- 香山壽夫, 建築家の仕事とはどういうものか (王国社, 1999)
- 京都精華大学建築分野, 上田篤, 建築家の学校：京都精華大学の実験 (住まい学大系) (住まいの図書館出版局, 1997)
- 隈研吾, 10宅論 (ちくま文庫, 1990)
- 隈研吾, グッドバイ・ポストモダン (鹿島出版会, 1989)
- 隈研吾, 新・建築入門：思想と歴史 (ちくま新書, 1994)
- 隈研吾, 建築的欲望の終焉 (新曜社, 1994)
- 隈研吾, 建築の危機を超えて (TOTO出版, 1995)
- 隈研吾, パドックからカラオケへ：新建築住宅設計競技 2006 課題『プランのない家』について (新建築新建築社, 2006년 4월호)
- 隈研吾, 反オブジェクト：建築を溶かし, 砕く (ちくま学芸文庫, 2009)
- 隈研吾建築都市設計事務所, スタディーズ・イン・オーガニック (TOTO出版, 2009)
- 隈研吾, ひとの住処 1964-2020 (新潮社, 2020)
- 斉須政雄, 調理場という戦場：「コート・ドール」斉須政雄の仕事論 (幻冬舎, 2006)
- 篠原一男, 住宅論 (鹿島出版会, 1962)
- 鈴木博之, 石井和紘, 現代建築家 (晶文社, 1982)
- 谷尻誠, CHANGE：未来を変える, これからの働き方 (X-Knowledge, 2019)
- 谷尻誠, 1000%の建築つづき：僕は勘違いしながら生きてきた (X-Knowledge, 2020)
- 丹下健三, 人間と建築：デザインおぼえがき (彰国社, 1970)
- 丹下健三, 藤森照信, 丹下健三 (新建築社, 2002)
- 内藤廣, 建築のちから (王国社, 2009)
- 難波和彦, 戦後モダニズム建築の極北：池辺陽試論 (彰国社, 1999)
- 難波和彦, 新・住宅論 (左右社, 2020)
- 西山夘三, すまいの思想 (創元社, 1974)
- 日経アーキテクチュア, NA 建築家シリーズ：隈研吾 (日経BP社, 2010)

- 八田利也, 現代建築愚作論 (彰国社, 1961)
- 福屋粧子, アーキエイド, 復興支援ネットワークから見えてくる建築的能力の拡張：建築雑誌 Vol. 128/No.1651 (2013)
- 二川幸夫, 隈研吾読本：1999 (ADA EDITA Tokyo, 1999)
- 布野修司, スラムとウサギ小屋 (青弓社, 1985)
- 布野修司, 住宅戦争：住まいの豊かさとは何か (彰国社, 1989)
- 本間義人, 戦後住宅政策の検証 (信山社, 2004)
- 槇文彦, 記憶の形象：都市と建築の間で (筑摩書房, 1997)
- 松葉一清, 失楽園都市：世紀の夢と挫折 (講談社選書メチエ, 1995)
- 松村秀一, 建築―新しい仕事のかたち：箱の産業から場の産業へ (彰国社, 2013)
- 松村秀一, ひらかれる建築：民主化の作法 (ちくま新書, 2016)
- 三浦展, あたたの住まいの見つけ方：買うか, 借りるか, つくるか (ちくまプリマー新書, 2014)
- 宮島喬, 文化的再生産の社会学：ブルデュー理論からの展開 (藤原書店, 1994)
- 森川嘉一郎, 趣都の誕生：萌える都市アキハバラ (幻冬舎, 2003)
- 山梨知彦, 代で身につけたい：プロ建築家になる勉強法 (日本実業出版社, 2011)

[영문]

- Bourdieu, Pierre, 1992, Les régles de l'art: Genèse et structure du champ littéraire, Paris: Éditions du Seuil.
- Collins R.,1979, The Credential Society: An Historical Sociology of Education and Stratification, Academic Press.

건축하지 않는 건축가

초판 1쇄 발행 2024년 4월 22일
2쇄 발행 2024년 6월 10일
3쇄 발행 2024년 12월 5일

저자	마츠무라 준
역자	민성휘
펴낸이	경한수
펴낸곳	인벨로프(envelop)

출판등록	제 2023-000038 호
주소	서울시 종로구 옥인길 49, 403호
전화	010-6246-8001
팩스	0504-419-8001
메일	kyunghansu@gmail.com
인스타그램	@envelop_official